女性进化论

侯虹斌 著

人民东方出版传媒
東方出版社

图书在版编目（CIP）数据

女性进化论 / 侯虹斌 著 . — 北京：东方出版社，2019.4
ISBN 978-7-5207-0649-0

Ⅰ . ①女…　Ⅱ . ①侯…　Ⅲ . ①女性—成功心理—通俗读物　Ⅳ . ① B848.4-49

中国版本图书馆 CIP 数据核字（2018）第 251385 号

女性进化论
（NÜXING JINHUALUN）

作　　者：侯虹斌
策　　划：陈　卓
责任编辑：李伟楠
责任审校：赵鹏丽
出　　版：东方出版社
发　　行：人民东方出版传媒有限公司
地　　址：北京市东城区东四十条 113 号
邮　　编：100007
印　　刷：北京楠萍印刷有限公司
版　　次：2019 年 4 月第 1 版
印　　次：2019 年 4 月第 1 次印刷
开　　本：880 毫米 ×1230 毫米　1/32
印　　张：10
字　　数：172 千字
书　　号：ISBN 978-7-5207-0649-0
定　　价：52.00 元
发行电话：（010）85924663　85924644　85924641

如有印装质量问题，我社负责调换，请拨打电话：（010）85924602　85924603

● 自序：去，要你想要的自由

最近在媒体上经常会出现一个词："人生赢家"。有意思的是，不同性别的人生赢家不是一个概念。男性的人生赢家，首先是事业有成，有妻有子。而女性的人生赢家，就轻松多了，似乎年纪轻轻能生孩子，尤其是男孩子，就能自动拥有封号了。

真的吗？输赢就只有这个标准吗？

当然不是。我们面对的是一个复杂的世界。

一

我们这一代人，城市女性比较多都是独生子女，生活条件也得到了改善，已经能接受到更好的教育了。但是，老一辈人藏在骨子里的价值观，并没有那么容易改变。

比如，对女孩子，他们最常用的一种说教，就是告诉你：女孩要有女孩的样子。长辈们一直教导我，女孩子要学会做饭做家务，不然没有人要。女孩子读那么多书干吗，反正是要嫁人的/女孩子要好好读书，这样才能嫁得好……

我出身于一个小城市的市民阶层，也就是，物质条件还可以，比上不足，比下有余，不用为钱担忧。我爸妈也很爱我。不过，他们确实很喜欢使用这些套路来塑造我。

可惜，我很令他们失望。我并不符合他们期待的“淑女”的要求：安静时喜欢看书，一看就是几个小时，玩闹时喜欢爬树、奔跑，小时候还不止一次从树上摔下来，把头摔破了、把脚给崴了。

而且，我也从来不擅长做饭之类；从我读中学开始，我妈妈就开始发愁：你连饭都做不好，将来怎么嫁出去呢?

我在读初中时，父母就想让我报一个中专，那时读中专很好找工作；他们觉得那可以算一个中规中矩的前途。我当然否定了。我去读了高中。

他们又一直认为，女孩子都不擅长理工科，建议我读文科。

我读高中的时候，我母亲的理想是，我能考上我们那座三线城市唯一的一所大学（那时还只是大专），这样，就可以离家很近了，也更容易找到合适的人结婚。

可以说，我父母确实是站在我的立场来考虑问题的。这是小城市姑娘最常见的一条道路。虽然不是特别出彩，但也没有任何风险。

但是，我不是这样想的。

一直在父母的影响之下、经常性的耳提面命之下的我，并不开心。我被这种“女孩子就该有女孩子的样”的设定，扭曲了天性。学习成绩也不够稳定。在我十五六岁的时候，我的自我意识比较鲜明了，我想改变。

怎么改变呢？我意识到，我想自由，想按自己的兴趣来生活，我就必须突破，最好的方法就是考到好大学，离开家庭，自立更生。

高考时，我并没有考上父母期待的大专，而是以全市第三名的总分，考进了一所著名的重点大学。这些陈年旧事，本来不值一提。我感慨的是，我是怎么样一步一步，违背父母为我制定的女孩子守则，一步一步地踏上我想要的人生之路的。这个过程，又艰辛，又愉悦。

有意思的是两个细节：一个是，我读大学、读研究生的时候，我妈妈都很担忧地对我说："你读书这么多，我们家和亲戚们，都没有办法给你介绍合适的对象了，你要是嫁不出去了，怎么办？"

另一个是，我在《南方都市报》工作时，那正是媒体发展巅峰期，我在广州也早已买房买车了，我母亲还打电话劝我，辞职回家考公务员吧。她怕我的工作不稳定。

我怎么才能让她明白呢？我最怕的就是工作稳定了。

女性成长中，华服上最常见的虱子是什么？就是限制你的刻板印象，哪怕那是因为爱。

二

现在，我已是一位专业作家了，其中一个写作方向，就是研究女性主义。我经常援引一组数据，那就是世界经济论坛发布的《全球性别差距报告》，从教育成就、健康与生存、经济参与和机会、政治授权四个方面，对 144 个国家在性别平等方面取得的进展，进行了评估。2017 年，中国在这 144 个国家当中，名列第 100 名，排名相当靠后。而在 2008 年，中国的排名是多少？第 57 位。中国的女性地位实现了九连降。

我们必须正视中国的男女地位不平等这个事实，才有希望加以改变。

但经常与各种女性打交道，我也发现了一个现象：很多女性对这些问题都非常迟钝，没有痛觉，不太关心。

很多人给我贴的标签是“女权主义者”，他们的第一反应就是：

“你是不是因为太丑没有人要啊？”

“你是不是受了男人什么刺激和伤害，才当上女权主义者啊？”

继而，不是以“嫁不出去”来羞辱，就是以“荡妇”来羞辱。

这几年，我在各种嘲笑当中，风轻云淡，不疾不徐，很坚定地做着我自己的事，不受干扰；我很想拍拍自己的肩膀说：心态真不错。正是因为能把个人生活安排得井井有条，生活安逸，就像豌豆公主一样，才能更敏感于社会的不公正啊。所以，我更希望能让更多的女性，都能在一个公正的环境里生活。

对于女性来说，光是知道“我是谁”、“我想做什么样的人”、跟各种社会成见作斗争，就已耗尽了力气。

三

现在，想好好地找个人一起过日子，似乎变得越来越难。

年轻女孩怕自己变成剩女，更怕找到糟糕的男友；男孩觉得追求女生太麻烦，更怕想结婚又出不起彩礼；已婚女性既想在工作与家庭中取得平衡，又怕自己变成“守寡式育儿”；已婚男人既在纠结要不要生二胎，又对新来的年轻姑娘萌生好感……

讲真，中国传统观念里，婚姻和家庭与爱无关，与自己无关，更像是一种社会关系；父母负责逼婚，但不负责你的生活幸福。你是想活给别人看，还是自己过得爽？

我们知道，现在开个车，学个程序，做点什么，都要好好学习，再考个资格证，才能掌握一种技能；那为什么，像婚姻、家庭、养育孩子，跟另一个人进行复杂的经济与各种事务的协作、亲密地共度一生，却被当作天生的本领，以为每个人都天然掌握？当然不可能。所以，我们才看到那么多不幸的婚姻，不幸的家庭，以及更多的虽然不幸但却小心地藏起痛苦的家庭。

处理复杂的婚恋、情感、家庭关系，是情商的最高体现，是需要通过不断学习，才能得到提高的。

长期以来，我是一位女性主义者，关注性别平等，提倡保障女性权益；但同时，我也笃信“平等”是可以实现的，不管女性还是男性，都将在平等的关系中获益良多。

人格平等，就能建立良好的互动，双方均有更多的选择，更大的自由；也更容易建立爱的联系。掌握了这一出发点，不管是夫妻感情、与长辈的矛盾、亲子关系，都将处理得得心应手，并保持心情愉悦。

我曾在腾讯大家、微博、大鱼号和我的公号“侯虹斌客厅”上，写了大量关于女性的文章。经常有人私信我，说：“看了你的文章，我终于想通了应该怎么做”；“我要把你的文章发给我的女儿看；给我的父母看；给我的朋友们看……”

很欣慰，越来越多的人，接受这种现代价值观。我希望，认可我的都是聪明人，他们 / 她们并不是盲目地听我的话，而是停下来，好好思考一番之后，再想想是否接受，如何改变。越是理性地思考，越容易接近幸福。

女性应该怎么做自己呢？答案就是：打破刻板印象，高瞻远瞩，最终，掌握自己的命运。

这本书，更像是一部女性重建新生活的战术指南，它不仅带你思考和打破一些成见，也教给你解决问题的具体技术。它不能保证你成为所有人眼中的“人生赢家”，毕竟我们不是活在直播打赏中；但是，能让你身心愉悦，获得自我的自由。

目 录

· Part1 · 最值得经营的少女时代

成熟，是不再把自己的人生寄托在别人身上、寄托在找到爱情以及找到完美的爱人身上。“玛丽苏”式的偶像剧教你的恰好与此相反，我们必须“反玛丽苏”，才能成长。

首先要把女孩当“人”，而不是“女人”

● 男人和女人成了不同的物种

女性，从小开始，就一直听着太多的规训。比如：

女孩子要站有站相、坐有坐相。

女孩子要笑不露齿。

女孩子不能像个野孩子一样跑来跑去。

女孩子要斯斯文文、规规矩矩的，这样才讨人喜欢。

……

这还是最简单的。接下来的是：

女孩子要学会做饭、做家务，不然没有人要。

女孩子读那么多书干吗？反正是要嫁人的。/女孩子要好好读书，这样才能嫁得好。

女孩子最好读文科，你们适合死记硬背；理科的逻辑你们不行。

女孩子要找那些轻松、没压力的工作，这样方便你们早点回家做家务、照顾家人。

女人要趁年轻早点结婚，别挑剔了，差不多就嫁了吧。

女人要趁年轻早点生孩子，生二胎；这样，等你有孙子的时候，你还有精力带孙子。

……

对男人的规训，则是完全不一样的。

对于男孩子，鼓励他们活泼、顽皮；只要不是上房揭瓦，鼓励他们上蹿下跳、爬树游泳；鼓励他们充满活力，尽情运动。

长大了以后，劝他们少管儿女私情，以学业、事业为重；劝他们，好男儿志在四方，四海为家；劝他们，大丈夫何患无妻，别婆婆妈妈。

……

莫非，男人和女人成了不同的物种了？

我要开宗明义地说：不管男人女人，首先都是人。

人与人之间的区别，这个人与那个人之间个性、品行、思想、阶层之间的差异，远远大于男人和女人之间的差异。

除非是极少数与身体有关的差异，男与女，本来就不该有云泥之别；适用于男性的优秀品质，也适用于女性。对女性反复强调的品质，如果对男性根本不谈，那你就扔掉。

像聪明、能干、美丽（英俊）、健康、强壮、会赚钱、有责任心、有管理能力、志存高远、豁达大方……都是好品质，值得为它们而努力。

而贤惠、奉献、迁就、宽容、任劳任怨、忍耐力强、有自我牺牲精神……这些从来不对男人做要求的品质，女性应该尽早地弃之如敝屣。

对于家长来说，与其把你的女儿培养成一个“女人”，不如首先把她培养成一个人。

● “女孩该有的样子”？那叫“刻板印象”

女孩要有女孩的样子。这句话背后有什么问题？它是一种刻板印象。这种刻板印象意味着，你的人生选择被大大减少。不仅女性深受“刻板印象”的限制和影响，让自己的人生道路越走越窄，男性也一样。

如果女性喜欢更开放、更活跃、更主动积极的生活方式，她会被担忧，她的行为“像个男孩”“不像个女孩”。

而如果男性喜欢一些纤巧的细节，行为温柔，爱好是制作衣服、插花、烹饪之类的“女性偏好”的兴趣的话，他引起的担心更多，人们担心他“娘娘腔”，不是个正常男孩。

实际上，这些观念都是偏见。

虽然一般大家只会选择很少的几条路来走，但越多的偏见，意味着人的选择越少，对人生的限制越多，对孩子的健康成长越不利。

许多研究者在考察了儿童对不同性别的活动和兴趣的刻板印象的发展后发现，几乎所有两三岁的孩子都具有一些与性别刻板印象相关的知识。比如，女生喜欢跳跳皮筋、踢踢毽子，喜欢洋娃娃、过家家游戏，从不喜欢跟人打架，乖巧听话，斯文安静，等等。

男生呢，则喜欢东奔西跑，追逐打闹，爬树翻墙，勇猛好斗；喜欢玩具枪和玩具汽车。

这种刻板印象在3—5岁迅速发展，在学龄前达到顶峰；他们不仅通过这种方式判断别的小朋友，还会要求自己按照这种刻板方式行事。

儿童刻板印象的来源是哪里呢？

通常来说，父母作为儿童社会化的首要途径，其言语（直接地）和行为（间接地）都对儿童有重要影响；又因为大多数父母都具备性别刻板印象，所以父母对儿童性别刻板印象的形成，厥功甚伟。

另一方面，如我们所知，中国的媒介：电视、纸媒、网络……都充满了性别偏见，这些刻板印象很容易被传递给孩子。

举个例子：

是不是几乎所有的广告，里面的温馨家庭，都是妈妈在厨房干活，爸爸在看报纸，孩子在旁边跑来跑去？

是不是爸爸送一瓶“不伤手的洗洁精”“治腰痛的筋骨贴”“大功率的抽油烟机”，就表达了他如何支持妈妈干好家务？

是不是职场上雄赳赳、气昂昂的都是男老板，旁边的美女小秘书则给他拎包？

……

千篇一律，很难找到反例。

这些，完美地构筑出孩子的认知世界：

妈妈是干家务的，爸爸是休闲的；男人是上司、老板，女人是下属、小秘书……

● 偏见越多，你的人生局限就越多

越是意识到这种“刻板印象”的存在，越可能因为焦虑，滑向刻板印象这一边。

以一段小故事为例：有个小孩路上出了车祸，被紧急送到医院，接诊的护士很着急地说："这个孩子是我的儿子！"但这个护士并不是小孩的妈妈，你猜他们是什么关系？答案是：护士是孩子的爸爸。

同样一个例子。孩子的医生说："这是我的儿子。"但这个医生并不是他的爸爸，你猜他们是什么关系？答案是：医生是孩子的妈妈。

这个问题，如果你是第一次听说，是不是还得反复想一想是怎么回事？如果你的第一反应，护士一定是女性，医生一定是男性，那就是一种刻板印象。

如果你仍然以为这是男孩女孩与生俱来的特性，那我换一种方式，先用"星座刻板印象"来分析吧，可能大家就没那么敏感了。

我是"天秤座"的，"天秤座"一个很有名的特征就是优柔寡断、瞻前顾后。我非常认可，认为自己正是这样的。很长时间以来，我做大事小事，都在非常鲜明地重复这个问题，总是犹犹豫豫，错过最佳时机，效率低下。我就安慰自己：因为你是天秤座啊，这个星座的人都是这样的。

但这几年我辞职了，进入创业模式；马上，我碰到机会就必须抓住，因为它随时稍纵即逝啊。现在回头一想：咦，项目合作时为什么只谈了十五分钟我就敢确定要做呢？怎么就不"优柔寡断"、不"天秤"了呢？

说到底，是一种心理暗示，强化了我认同的"刻板印象"；同时，为我的缺点寻找自我安慰的借口。

而长期被各种途径强化的性别刻板印象，就更明显了。

简而言之，如果女生持有“女生理科比男生差”的性别刻板印象，很有可能因为这个信念，就放弃了在理科上进一步努力，自暴自弃，并把这个结果不断合理化；时间一长，她的理科真的就比较差了。

长期以来，“女生擅长死记硬背”、“女生理科不行”这些深刻的偏见，足以导致无数女生放弃对数理化等专业的努力。

看看今天的女生。考大学时，虽然出了不少理科女状元，而且理科女状元数量甚至比男状元还多，但我也承认，整体而言，女性的数理化学习成绩仍然略逊于男生。

但这是偏见的“结果”，不是“原因”。如果没有这种偏见，更多的女孩不受心理暗示影响，会有更好的成绩。

应该从“原因”开始改变。

● 性别“刻板印象”的反面教材

啥叫性别刻板印象？下面这套教材就是活生生的例子。

2016 年 8 月，全国首部专为小学男生编写的教科书《小小男子汉》问世了，供沪上四、五年级学生选用。2017 年 7 月，专为女生编写的《花样女孩》出版。上海领先全国开启了成体系的性别教育。

它的出发点是好的，希望能为孩子们树立正确的性别观。书里也表现了“所谓性别教育不是给男生女生贴上标签，而是讲明什么才是真正的平等和自我”的良好愿望。但实际上，教材最终体现出来的，却是明确的性别偏见：

1. 在女生教材《花样女孩》中，“美的追求”是分量很重的一个章节，具体内容包括如何洗脸、如何着装。而“锻炼身体”部分列出的是“跳绳”“踢毽子”“健美操”等被认为“适合女生的运动方式”。

2. 在男生教材《小小男子汉》中没有“美的追求”这一章，而相对应的位置是对“张扬个性”的讨论。主旨是不管男生有什么缺点，外貌的或是心理的，都可以找到自己的路，成就自己的人生。

3.《花样女孩》中出现了积极做家务的内容，还非常详细地列举了做家务的细节，包括如何设计周末午餐菜单、制作友谊手链、谁的针线包更漂亮、设计一本个性化 DIY 账本……还有，学习理财从记账开始。

4.《花样女孩》中，要求女生研究男孩喜欢什么样的女孩，然后检查自己达到没有。但《小小男子汉》当中，并没有相应的要求。

5.《花样女孩》中，关于女性的“成功”里面，有“寻找身边好母亲”。但在男性成功一章里，却没有“寻找好父亲”。

6.《小小男子汉》当中，有一整章是“亲近大自然”；但在《花样女孩》当中，只有一页。

7.《小小男子汉》当中，有“优化你的学习方法”“能力越大责任越大”“自然笔记”“野外定向寻宝”“逃生实验”“寻求帮助的渠道”“你关注过父母的工作吗”……这些内容，《花样女孩》里都没有。

8.《花样女孩》中，强调了女生要保护自己，她们可能会“因盲目追星离家出走”“贪图别人的一块糖被诱骗”“在街上随便认识小姐姐被骗吸毒”“参加 cosplay 集会而遭遇性侵”，这种提醒有必要。但

《小小男子汉》中并没有这些内容。仿佛男孩子不会遭遇危险，只有女孩子会招蜂引蝶似的。

9.《花样女孩》当中，有鼓励女孩“积极做公益”的内容。但在《小小男子汉》当中，类似内容的标题变成了“慈善”。“公益”、“志愿者”与“慈善”，既有相同之处，又有不同之处。两者都是对社会有益的，但在民间约定俗成的含义当中，“慈善”，更多的是指富人回报社会的行为。一个贫穷大学生可以做公益，但那不会被称为慈善。以前的一个段子，就说有个孩子的愿望就是长大以后当“慈善家”，为什么？因为慈善家都是很有钱的。——这就很能说明问题了。

综上所述，《小小男子汉》和《花样女孩》这两部上海的小学生教材，给我们描述出两种性别的区别：

1. 女孩是爱美的，应该更注重外貌整洁和仪态。男孩不用。

2. 女孩是可能遭遇危险的，要处处小心，不要被坏人欺骗，要减少社会活动。男孩不用。

3. 女孩要多读书培养气质，要积极承担家务。男孩不用。

4. 当个“好母亲”是女孩的成功内容，而当个“好父亲”不是男孩的成功内容。

5. 男孩要勇敢，要勇于探险，亲近大自然。女孩不用。

6. 男孩要勇于承担责任，要学会独立。女孩不用。

7. 男孩要利用智慧创造财富，未来的财富是掌握在他们手中的。女孩负责理财和记账。

8. 男孩要追求梦想，不管有什么缺点都有成功的可能。女孩无须在意这个。

● 如何破解

这套性别读本，抛开性别的元素来看，是有可取之处的；女孩子尤其应该看看《小小男子汉》，学习一下男孩子的美好品质。因为，那正是社会公认的优秀品质。看看社会是怎么鼓励男生勇敢、独立、有创造力、敢于冒险、有担当的。

另一方面，男孩也并非只有同一种刻板印象，并非只有“硬汉”一种风格。

一些长期被视为女性“独有气质”的，比如温柔、细心、体贴、善于照顾他人，同样也是美好品质。男孩愿意与女孩子一起玩，并不意味着没有“男子气概”。

简单地说，人应该拥有更多的可塑性，每个人的个性不同，不应该按照性别、用一个模子去套。

我们从这里可以学习到什么呢?

1. 女孩可以爱美，但不是必需。男孩也可以爱美。

2. 女孩要注意安全、不受坏人欺骗，是对的。但这并不意味着男孩就安全，也不意味着女生行动要比男生受更多限制。

3. 承担家务的教育，不是女性的必需。不要被“你不会做饭就嫁不出去”所恫吓，因为说不定有些男生喜欢做饭呢。

4. 当“好母亲”或当“好父亲”都是一种个人选择，不是必须做的，更不必将其视为努力的方向。

5. 女孩一样要勇敢，要勇于探险、亲近大自然。

6. 女孩一样要勇于承担责任，要学会独立。

7. 女孩一样要利用智慧创造财富，未来的财富也是掌握在你们手中的。是否喜欢理财和记账，看个人兴趣。

8. 女孩一样要追求梦想，不管你有什么缺点，都有成功的可能。

我们必须反“玛丽苏”，才能成长

● “玛丽苏”又如何？全靠开外挂

“玛丽苏”，本来是文学批评和同人文中的概念，指的是女主角的过度完美、极其自恋。通常，我们把有类似勾搭高富帅这样女性化欲望的主角称为玛丽苏。而有坐拥“后宫佳丽三千”和个人英雄主义这样男性化欲望的，我们则称为汤姆苏 / 杰克苏。

近些年来，由于女性观众消费力的日益强大，中国大陆的电视剧中，“大女主”和“玛丽苏”情节占了半壁江山；从古代、民国到现代，都在讲述女主在男主、男二，甚至男三、男四的襄助、痴迷、牺牲当中，走向人生巅峰的剧情。

而剧中的女二、女三，或者是婆婆之类，都是陷害女主的一把好手。

“玛丽苏”女主集万千宠爱在一身，人人都爱她。

而“玛丽苏剧”有几个特征：

1. 不管女主是不是最漂亮，男人们都只爱她，而不会爱比她更好看的女二号、心机女。

2. 不管女主是刁蛮无礼还是粗俗可笑，或者是幼稚无趣，必定是内心很善良的。

3. 所有男人都爱她。男主角也许一开始讨厌她，最终却一定会被她迷倒。

4. 她是电视剧的绝对主角，男主角也是陪衬。

5. 不管曾经多么倒霉、遭到多少人陷害，最终你都会发现：她总能走狗屎运。

6. 女主的成功里，有她自己的勇气、坚持、不屈不挠，这些算是优点；但真正的成功，还是因为有男人在背后给她撑腰。

7. 连有真实历史原型的武则天，在“玛丽苏”剧里，也变成了为了爱情才努力上进的女性典范。

代表剧有《楚乔传》《孤芳不自赏》《锦绣未央》《微微一笑很倾城》《武媚娘传奇》《倾世皇妃》《步步惊心》《活色生香》等。

玛丽苏和杰克苏的核心，在于抓住了普通人渴望逆袭的潜意识，让他们将普通的自己投射到男女主角身上，享受那种虚拟的快感。

男版“杰克苏”，虽然也是被无数个女人迷恋，但最终的目标是建功立业，顺便有一个爱人。

女版“玛丽苏”，是被无数个男人迷恋，但最后的目标是与她最爱的人在一起，顺便有点权势。

● 迪士尼公主越来越强硬了

“王子拯救公主”“王子与公主从此过上了幸福的生活”，大概是这个世界馈赠给女孩子们的梦想了。其中，尤其以迪士尼为首的“公主系列”塑造出来的稳定却不断有改进的“公主梦”为代表。

但是，现实世界真的如童话般美好吗？公主们，真的永远都是那么傻白甜，需要等着王子来拯救吗?

不是的。童话里的公主也要与时俱进。看迪士尼的历任公主们的变迁，就知道了。

“迪士尼公主”这个概念，是2000年由时任迪士尼消费品部主席的Andy Mooney正式提出的，他将迪士尼动画电影中最受欢迎的公主们集结在一起，当时有12位迪士尼公主：白雪公主、仙蒂公主、爱洛公主、爱丽儿公主、贝儿公主、茉莉公主、宝嘉康蒂公主、木兰公主、蒂安娜公主、乐佩公主、梅莉达公主和摩阿娜公主。由于太受欢迎，《冰雪奇缘》中的艾莎公主与安娜公主将单列一个项目。

从1937年第一部公主电影《白雪公主与七个小矮人》问世，到2017年《海洋奇缘》热卖，跨越了八十年的时代变迁。

第一阶段：早期。

迪士尼公主们最显著的特点就是温柔、善良、贤惠，憧憬浪漫的爱情。

1. 1937年，《白雪公主和七个小矮人》横空出世，开创了动画长片的先河，迪士尼帝国拔地而起。白雪公主是迪士尼“首席公主”，有纯洁的灵魂和善良的天性，但弱小又无脑。她躺在棺材里等待被王子吻醒，完全被动。

2. 1950年，《灰姑娘》辛德瑞拉的故事，再次沿袭好事多磨但有情人终成眷属的治愈系模式。无聊的治愈系公主，对二战中经历过创伤的人们格外有吸引力。

3. 1959 年，和平年代出场的奥若拉公主（《睡美人》），不幸昏睡不醒，直到被王子解救。但她除了漂亮，没啥可说的，受欢迎程度大减。

这几位公主的特点都是“貌美、人傻、干家务”；但后来，这种女性特点已不再能打动人了。迪士尼此后三十年中都没有再拍公主电影。

第二阶段，20 世纪 90 年代。“迪士尼动画复兴”时代，公主们开始独立、坚强了。

1. 1989 年，小美人鱼是个处于叛逆期的少女，为了谈一场轰轰烈烈的恋爱，来一次说走就走的旅行，她私自用美妙歌喉换来两条大长腿，还勇敢、主动地追求自己的男神。

2. 1991 年的美女贝儿（《美女与野兽》），更是一个爱读书的女孩，还因为爱读书，爱上了一只怪兽！读书，这可是历来男权社会中男性独享的特权和获得权力的基石呢。

3. 1992 年《阿拉丁》中的阿拉伯公主茉莉，在拒绝了一个又一个的王子求婚之后，与街头流浪的阿拉丁一起冒险并相爱结婚；1995 年《风中奇缘》中的印第安公主宝嘉康蒂，是个野性十足、敢上战场的姑娘，甚至为了自己的民族选择与相爱的男友分手；1998 年《花木兰》中的花木兰，以惊人的智慧和勇气成了孤胆英雄，拯救了国家和百姓，成为万民跪拜的对象。

这个阶段的公主们，个性开始多样，有的敢于追求爱情，而有的不再认为爱情重要，拯救家园、拯救国家才是她们的人生目标。

第三阶段：21 世纪，社会的价值观更开放多元。

1. 2009 年，蒂安娜公主（《公主和青蛙》）颠覆了《格林童话》中经典的《青蛙王子》的情节，假公主蒂安娜吻了青蛙之后变成了另一只青蛙；而且，这是位创业的“黑人公主”，她从小的梦想就是开一家自己的餐馆，一开始就是在为自己的梦想而奋斗。

2. 2010 年上映的《长发公主》里，乐佩公主的梦想，是找到亲生父母，找回自己的真实身份，遇到的也不是什么王子，只是小飞贼 Flynn。找到自我、取悦自己更重要。

3. 2012 年《勇敢传说》的主题已经变成了：别逼我结婚，你们一个能打的都没有！公主梅莉达是一位不婚少女。而且，她还救下了几个弟弟（也就是小王子）。

4. 2015 年大热门电影《冰雪奇缘》里，妹妹安娜公主一开始差点儿和一位王子结婚，结果，那个王子却是个骗子和混蛋。只有真爱才能解除冰封魔咒，她的真爱原来是姐姐艾莎公主，那是亲人与女性之间的亲情之爱、互助之爱。

这时候，每位公主都更有个性、更勇敢了。不随波逐流是她们的共同特征，她们像男人一样去战斗、去拯救亲人、去寻找自我。与此同时，男性（王子）的地位愈发不重要了。

简单地说，公主们再也不是被动地等待着王子来拯救了。她们的人生也要自己去努力掌控。这与社会的女权主义思潮是一致的，也与现实世界里人们的认知越来越相吻合，与时俱进。

● 如何破解

1. 知道生活不是电影，知道自己不是公主，不要幻想着玛丽苏式的爱情。

2. 现实中，没有外挂。没有那么多男人默默地给你当备胎，为一个不爱他的女人做出牺牲。当一个男生知道女生不喜欢他之后，他能马上离开，不纠缠、不伤害，就算厚道了。

3. 现实中，没有点铁成金的金手指。你不会在街上碰到一个未来的国王。当皇后（王妃），靠的是男人；当女王，靠的是自己。

4. 现实中，王子与公主生活在一起，并不代表全剧终。真公主，靠婚姻，也未必幸福。查尔斯王子跟戴安娜王妃的结局尚且惨淡成那样，日本太子妃嫁入皇宫重度抑郁多年。还有，《还珠格格 3》，说的就是真心相爱的王子与公主的婚后故事，都是流产、不孕、小三、婆媳关系——由于太写实了，大家纷纷弃剧。

成熟，是不再把自己的人生寄托在别人身上、寄托在找到爱情以及找到完美的爱人身上。“玛丽苏”式的偶像剧教你的恰好与此相反，我们必须“反玛丽苏”，才能成长。

爱女孩，是富养成公主？不，是给她教育和财产

● 富养不是娇生惯养，要训练她承担责任

现在常说的“富养女孩穷养儿”，是我很反感的一种观念。

一种解释是，女孩子要富养，是指在物质上能够丰富一些，给她享受好生活，要有品位；这样将来她不会为了一点点东西或者一点点钱就被别人诱骗。而男孩要穷养，是说物质上不要给他太多享受，要培养他吃苦耐劳的精神，“天将降大任于是人也”，这才是干大事的料。

——是不是很动听？这种教育“因材施教”，感觉对女孩也很好，对男孩也不错呢。

实际上，除非你的女儿立志把“品位”当作事业来经营，立足时尚圈，否则真正贯彻了这种“富养”理念的女孩，只能是张爱玲笔下的“职业结婚员”——她的好学历、好工作、好品位，目标都指向找一个男人结婚。

你不教给她责任感，不教给她如何充分地社会化，甚至不教她如何当一个有用的人，你是想把她培养成精致的废物吗？

太看不起女孩了。这不能叫富养。

但另一方面，同一阶层里对儿子的“穷”养，也绝不是真正的穷，而是对他寄予更大的希望。女儿考试六七十分就可以了，随便拿个本科学历，反正以后要嫁人的，吃喝玩乐不出岔子就好；儿子不行，儿

子要继承家业，要北大清华、哈佛剑桥，你的肩上承载着重任，你有奋斗的艰巨使命。

像这类“富养”和“穷养”的辩证法，是麻痹女孩意志最好的糖衣炮弹。不过就是用一点点吃喝玩乐的舒适，劝诱女儿少跟儿子们争夺资源，心甘情愿地放弃家庭的核心资源。就算独生女儿的家庭，也对女孩放弃得太早了。

其实，现在中国的中产阶层越来越多，经济上早已没有太大压力了，所以，即便是女儿，让她吃穿不愁、对她不打不骂、培养她上大学和读研究生，都是平常事。看起来男女好平等。

但这只是表面，改变不了“富养女儿”是为了培养“职业结婚员”的本质。

“富养女性”，给她们读书，但并不给她们承担社会责任的机会，剥夺她们参与竞争激烈的工作的机会，美其名曰“女人不要那么辛苦”；结果就是工作率已是全世界最高的中国女性，回到家里还要干拿不到薪水的家务，比谁都劳累、比谁都辛苦，还让人看不起。

人生前一阶段的“富养”和“舒适”，是为人生后半程的卑下和辛劳做铺垫的。

给你一粒芝麻，换走你怀里的西瓜，然后说怕你累着。快别被这种“富养女儿”的伪鸡汤迷了心窍了。我希望更多的女孩子知道，西瓜再重、你再累，也是值得的，不要被一粒芝麻就骗走了。

“富”不“富”，指的本来就不是你给她多少钱的问题，关键在于，你有没有真正地关心她，与她沟通，在意她的所思所想，为她的前途和未来做打算。

● 女儿也是父母的孩子，对子女应该一碗水端平

爱不爱孩子，不在于你是否给她买新衣服、买好吃的，那和养小宠物没有区别；而在于你有没有花符合你经济能力的钱去给她最好的教育、给她留足够的财产，为她准备好以后的生活。

不妨想一下：如果你的父母有一子一女，你觉得，他们的财产怎么分？你觉得你作为一个女孩，能否跟兄弟平分财产？

如果你的父母为儿子买了房，他们也会给女儿买房吗？两个孩子一视同仁吗？

假如你是女儿，你离婚了，你能回到父母家吗？

父母爱女儿，不是给她买衣服买零食的“爱”，而是笃定地为她着想，让她有平等的财产权。也可以把你们的家当作她人生的大后方。

2017 年，一条标题为《山东淄博一父亲给闺女分房遭儿子辱骂：女儿就该嫁出去，不该分得该房》的新闻被广泛关注：

徐大爷有一儿一女，名下有两套房。儿子结婚时，他将其中一套 50 平方米的房子分给了儿子。因二老现住的一套房子要拆迁，两人把房子过户给了女儿。儿子和儿媳对此十分不满，要求分该套房的四分之一，还谴责姐姐——“已经出嫁的女儿有几个回来‘争’房子的？”

随后，“女儿该不该‘争’房产”的话题引起网友热议。有人就提出：投票选项中缺少了“儿子是对的，女儿不该分房”的选项，有失投票“公平”。

还有人认为，出嫁的女儿不该有继承权，搬出“传统”和习俗：“嫁出去的女儿泼出去的水”。

实际上：

我国《继承法》规定，子女是第一顺序继承人，同一顺序继承人继承遗产的份额，一般应当均等。因此，在法律和倡导两性平等社会背景的共同约束下，女儿有平等的继承权。

男女平等的国策在我国已经实施了超过 20 年，男女的平等继承权利在法律上也早已实现，但现实的实施当中，子女的继承权并不真正平等。我们常听到的话是什么？

“儿子结婚，要准备婚房。女儿不用，让她找个有房子的嫁。”

“儿子是建设银行，要给他买房，要给他财产；女儿是招商银行，什么都不用给她，生女儿轻松。”

这是不是很能代表“生女儿好”的心声啊：因为儿子是继承人，要精心培养、给钱给时间；女儿是玩具，逗她长大了，让她一无所有地嫁人，自谋生路，大人好省心啊。有了男性继承人之后，多生一个女儿当玩具、陪大人玩，很划算。

重视谁，轻视谁，一目了然。

这绝对不是富养，而是轻贱自己的女儿。

● 没有自己财产的女孩，容易寄人篱下

1. 现实中男性和女性在财产继承上是否实现了平等？

让我们来看几组数据。

在2000年全国妇女社会地位调查数据中，支持儿子和女儿平等继承的比例，仅为25.7%。在2010年的调查中，该比例上升为76.3%。

2010年北京妇女社会地位调查数据表明，城镇居民支持男女平等继承的比例高出乡村14.3%（城镇为94.8%，乡村为80.5%）。

以台湾省的数据为例。据统计，在2013年审理的近6000个遗产税案件中，遗产继承者七成为男性。而如果以遗产总额分析，男女差距更大，男性继承财产的总数为实际被继承财产总数的76.7%，而女性仅为23.3%。

这组数据间接显示，遗产继承大多数还是"父传子"，财富只在男性之间转移。两性之间的财富差距，更是透过遗产的继承"世袭"到下一代。

而中国大陆更是如此：农村最大的生产资料是耕地，然而耕地资源是有限的。全国妇联委托农业部农研中心所做的抽样调查显示，"有80.2%的女性在宅基地使用权证上没有登记姓名"。

第三期"中国妇女社会地位调查"显示，2010年没有土地的农村妇女占21%，比2000年增加了11.8个百分点，其中因婚姻变动而失去土地的占27.7%，而男性仅为3.7%。（数据来自《妇女研究论丛》2017年第3期，王竹青）

这组数据，凸显了女性在财产继承上存在被排除或边缘化的现象。

2. 城市里，要不要给女儿买婚房？

同等的"土地"问题，置换到城市，则是是否给女儿买房的问题。

除非父母本身确实很贫困，一般来说，当下的城市人，都默认要给儿子买房子，以备其结婚。砸锅卖铁也要买。

但即便是独生女儿，排除一部分家里有多套房子随便送的那一类富人，父母在意识到她要结婚的时候，会尽可能地给她买房子，还是会对女儿说：你要找一个家里有房子的男人？

事实上，男女不平等，在原生家庭当中就能深刻体现了：生为男性，可以从父母那里拿到房子（价值数十万、数百万元）；而女性没有。

女性必须靠性价值与生育价值，依附于与其结婚的男性，才能有房子的使用权。

但这样，女性就背上了骂名：拜金。

男性天然就拥有父母会给他准备的房子，而女性得靠自己的奋斗才能有房子。这样，男女就无法平等了。

也因为没有家庭的支持，女性很难与有原生家庭作为后盾的夫权相抗衡，没有离婚的勇气与能力。

● 越是不分财产给女儿的父母，就越想要女儿来赡养

大家是不是经常听说：

财产、房子都是儿子的，父母给儿子带亲孙子孙女，等孙子孙女大一点之后，就搬到女儿家里，由女儿赡养？

这是很多父母的心态。这也是说女儿是“贴心小棉袄”的原因：父母需要给儿子房子和财产，不用给女儿；父母老了以后可以尽情地

向女儿索取。

更可怕的是，这样的父母还有可能要求把女儿（和女婿）的财产，都尽可能地给儿子。女儿买的房子要写儿子的名字。

这当然是错的。对女儿来说，这是水蛭型父母。

《继承法》规定，女儿和儿子有同等继承的权利，不因为出嫁而丧失。新闻和网络讨论中“女儿该不该争遗产”的“争”字已经体现出舆论对于女性争取平等权利的歧视。

另外，继承权利和赡养义务应是相辅相成的。我国《继承法》规定，有赡养能力和有子孙赡养条件的继承人，不尽赡养义务的，分配遗产时，应当不分或者少分。

从女儿的角度来说，你与其他兄弟姐妹有平等分配财产的权利，你争取你应得的权利，不叫自私，而叫正义。而且，这是推动社会的公正和良性发展的。

如果你难以争到本应属于你的财产，依据法律的精神，你的赡养义务也可以减少或免除。

● 父母把女儿当“泼出去的水”，女儿很难幸福

因为不重视女儿，不把女儿当作自家人，而当作一定会“泼出去的水”，所以并不真心爱她。

因为不重视女儿，给予女儿的教育也不够用心。女儿的受教育水平和学到的技能比较弱，以后的经济收入会较低，社会竞争能力也欠缺。

而且女儿没有房子，没有财产，只能被迫嫁人，就难以缔结平等的婚姻；在婚姻当中，也没有话事权和自主权。这样的婚姻，幸福的可能性很低。

不掌握财产和主权的女儿，没有能力对抗婚姻中的风险；一旦被出轨、家暴，或者遭遇其他不幸，就没有退路。不爱女儿的父母，只知道让她忍，而不会给她保护。

这时候，如果女儿离婚了，作为没有财产和房子的女性既很难争得抚养权，也有可能被净身出户，无枝可依。

简单地说，很多人明白，不给儿子财产，他娶不到媳妇；但却不在乎，不给女儿财产，让她依靠外人，也是在坑女儿。

● 如何破解

父母篇

1. 女儿与儿子一样，都是骨肉，都是家庭的平等继承者，不管你是有儿有女，还是只有女儿。

2. 给女儿的不应只有宠爱，还要有平等的财产分配方式。

3. 不要给女儿树立“傻白甜”的生活方式，不要让女儿把结婚或爱情当作“归宿”，而应该培养她的责任感。

4. 无论何时，你都应该是女儿的大后方。不管她是结婚了还是离婚了；也不管家庭是贫是富，让她知道你们可以依靠。

这样做的父母，女儿不会走投无路，也能够应对风雨。

女儿篇

1. 如果你有兄弟，你应该意识到你与他们有平等的人权，包括应该享有平等的爱、平等的财产分配。如果他们做不到，是他们的错，你不应自轻自贱。

2. 如果父母和兄弟都平等以待，恭喜你。你可以在过好自己的生活的同时，用爱回馈他们。

3. 如果父母有能力，却不公平对待，那么，在你有能力的情况下，要据理力争。不必担心你争夺属于自己的利益的时候会得罪他们；他们这样做，是得罪你在先。他们可没想着骨肉情深。

4. 父母不让你读书、不让你深造、不让你干想干的工作（有能力的情况下），逼你结婚，一概不要理会。你要抓紧学业，抓紧事业，坚持自己的目标，脸皮厚一点儿无妨。

5. 如果父母不仅不平等地对待你，还要带着兄弟吸你的血，让你像樊胜美那样，那么断绝来往没商量。

爱你的父母，你也爱他们，敬他们。不爱你的父母，甚至还要吸血的父母，必要时，完成你法律分内的赡养义务即可。——可以任由他们起诉，法律规定的赡养费一般都是每月几百元。

没有什么专业，是只适合某种性别的

● 高等教育程度女性入学率世界第一，但乐观吗？

受教育权，是非常重要的人身权利。女孩当然也有同等受教育的权利。得益于九年义务制教育，女性受教育的状况已经有了很大改善。

1. 女性受教育程度大幅提高

在教育程度方面，中国的性别平等状况持续稳健发展，高等教育入学率甚至排名全世界第一，这跟国家的教育政策和教育体制改革关系巨大。

但我们仍应看到，入学率和教育程度的提高，无法掩盖升学考试和校园内仍旧存在的性别歧视现象。

中国教育部公布的 2016 年女学生数据中显示，2016 年各级各类学校女学生占比：普通小学 46.56%，初中 46.39%，高中 50.59%，普通专科 51.17%，本科 53.44%，硕士 53.14%，博士 38.63%。

2006 年的数据是普通小学 46.66%，初中 47.27%，高中 46.83%，普通专科 48.83%，本科 49.81%，硕士 46.36%，博士 33.87%。

1997 年的数据是普通小学 47.63%，普通中学 45.46%，普通高等学校 37.32%。

20 年来，在本科和硕士阶段，女性占比全面反超男性。

这说明，中国的女性虽然在小学、中学入学的阶段比男性少得多，甚至 20 年来还微降了，但却有越来越高的本科生、硕士生的入学率，超过男学生。

这只能说明一个问题：整体而言，中国女性的学习成绩要比男性的学习成绩好，而且不只好一点，还进步很快。

2. 女性职业与结婚生育的年龄的关系

女性第一次生育的年龄与受教育程度有相关关系。

联合国 2003 年的一份报告显示，在英国，未取得任何资格便离开学校的妇女，在 20 岁以前生育的可能性，比获得高等证书以上的妇女几乎要大 20 倍。

在日本，受过两年制学院教育的妇女生头胎比受过高中教育的妇女晚 15 个月，而有大学学位的妇女生头胎比有两年制学院学位的妇女要再晚两年。

这说明了什么？受教育程度越低，就越不能找到较好的工作，就越早结婚越早生育，就越无法参与工作竞争，收入薪水更低，而且无法改变状况，职业上没有上升空间。

教育，是女性摆脱和减轻家庭和生育束缚的最重要手段之一，也是女性赚钱和获得事业的重要筹码。

3. 性别与录取的关系

我们都知道，有一些专业，录取的女性远远比男性多。比如护理类、师范类，女性占有压倒性优势 。

同时，也有一些专业，男性远远比女性多。比如体育、公安等。

这些专业跟性别有什么关系呢？

首先，警察、国防等“男性专业”，之所以女性少，是限制女性报考。

按照浙江警察学院招生办公布的政审分数线，杭州地区的考生，男生只要高考成绩达到548.63分就可参加政审，而女生的高考成绩则需要达到609分；宁波地区的考生，男生考580.88分就可以参加政审，而女生则必须考622.5分才行。各地都是“男低女高”，其中杭州差距最大，男生比女生低60.37分。

其次，师范等女性多的专业，是免费招男性，限制女性报考。

2015年秋，福建省开始实施男生免费教育试点政策，掀起舆论轩然大波。但2016年该政策继续实施。全国多数师范大学招收免费师范生。截至2016年，在中国大陆31个省、市、自治区中，已经有至少5个省的师范大学只对男生开放免费师范教育。2015年，闽南师范大学在当年的招生类别中增加了免费师范生男生项目，计划招收小学教育免费师范男生150名，安排在提前批次录取。如果出现无法完成招生计划的情形，将适当降分录取。

可以看出来：女生明显少的情况下，限制女生入学。男生明显少的情况下，男生免费入学、降分录取。

有一种说法：“你说我们警校招女生少，性别歧视，我还说你们护士学校、师范院校招男生少，性别歧视呢。”

实则，有些专业女生少，他们对女性进行歧视，女生的录取分数比男生高一大截（高考要高出31—60分。）

有些专业男生少，还是对女性进行歧视，让男生免费、降分录取。——只是还是没有男生考。为什么？因为男生的录取和就业太容易了，他们有无数选择；而这些专业的“前途”不太理想，所以才“留给”了女生。

● 选择什么专业更有利于女性？

有没有什么专业是只合适男性，或只合适女性的？

我认为没有。但传统认知 / 大多数人认知里面，有。

1. 女性不适合理工科？没那回事。

在大学文科专业里，女生人数占明显优势，譬如说哲学、历史学、语言类的学科；更明显的，还有师范、幼师、护士、服装等行业。女性几乎形成“性别垄断”。

男生则主要倾向于理工科，如机械、电子、法律、金融管理等。

多年以前，我上一个理工科大学（上海交通大学）的时候，男女生比例是 7∶1，似乎证明了这个道理。

但时代早已发生变化，十多年过去了，这所大学的男女生比例变为 2∶1。

现在，各省的理科状元，越来越多地都是女生了。2017 年贵州理科状元为女生，她的数学成绩比第二名男生高出 10 分。

以江苏为例，2012 年，江苏高考四名文理科状元都是女生，13 个地市的状元也大都是女生。

与此同时，因为高中理科的学生占多数，大部分女生也仍然选择理科。2012 年，记者调查发现江苏理工类院校女生比例在逐年上升，譬如东南大学江苏籍新生中，女生比例首次超过男生，占总数的50.6%，而且据调查，江苏其他的理工科院校，近年来新生中女生比例均有不同程度的增加。

三个原因：一是理科人数比文科人数多，所以读理科的女生总人数并不比文科女生少，甚至可能更多。二是，女生整体学习成绩好，考入理工科院校的女生人数增加；就读后成绩仍然能够领先，从前面列出的研究生的女生入学率比男生高就可以看出来了。三是，女生的专业观、择业观发生了变化。

2. 女生逻辑思维差的错觉，是怎么来的?

没有什么专业，是只适合男生或只适合女生的。

虽然会有一些研究提出一些类似的观点：比如，男性的逻辑思维比女性强，女性的感性思维和直觉比男性强；或者说，男性的数学更好，女性的语言能力更好……

在这里，先不去分析这些科学研究的模型和猜想是否合理，假设它们说的是对的，对于我们普通人选择专业的影响在哪呢?

（1）这是一种基于抽样实验的分析。就算逻辑思维强的人里面，男性占60%，女性占40%，也不妨碍你刚好就是那40%，本身就是逻辑思维强的那一方。人与人之间的区别，远远大于男人与女人之间的区别。

（2）这种差异，本身很可能就是对性别的刻板印象规训出来的结果，比如，从小就提醒学生们，别看女生现在成绩好，到了青春期之后就会差了；女生的数理化就是比较差，还是学文科好……在若干时间后，女生就会倾向于认定自己就是不擅长数理化，践行了这种刻板印象。

（3）由于男权社会几千年，“女性也是平等的人”的观念兴起也就几十年，而且还未必能彻底落实。现在的很多评判标准都是从男性视角来看。比如，评价一个人的劳动的能力，会从体力劳动来衡量，而不是从“绣花”“做饭”来衡量。这就是评判标准被男性霸占了。

（4）即便有些项目上女性还相对较弱，那是之前女性在这个领域被打压的结果。如果现在开始培养女性，那么十年、二十年后，她们也可以做好。

从大学录取率上看，不足一半的女高中生，有超过一半的大学录取率，说明，无论文理科，女生都能适应。

其次，哪怕是男女性别的思维能力略有差异，也完全可以通过努力弥补。

你的专业选择、你的学业选择，不应该受到性别的影响。没有什么是适合女性或适合男性的专业。

尤其是女性，如果被刻板印象所影响，相信女性不适合学理科、工科，认为女性这不行、那不行，那就会错过很多创新的、代表先进科技的职业选择。

● 如何破解

1. 社会现状暂时无法改变。但要意识到这个问题，而不要被蒙蔽。

2. 兴趣要从小培养，价值观要从小塑造。越是传统的观念，越是要去打破。

3. 女生更应该多去了解那些有难度的、传统上认为适合男性的专业；你最后不一定选择那个专业，但打破界限去接近更多领域，会对你眼界的开阔和成长大有帮助。

4. 我建议从小培养女孩子对数学的兴趣、对体育运动的兴趣，甚至是对机械等的兴趣；这些正是传统认为女性不够擅长的。这样，你的选择面会更宽广。

5. 仍在就读、将来要参加考试的女生们，仍然要尽可能地选择自己喜欢的专业和方向，哪怕这个专业对女性有歧视。你需要比男性更优秀，而且要优秀很多，才能获得与他们同等的机会。

6. 已参与工作的女性们，特别是有了一定社会话语权和社会地位的女性们，应该努力改变这种不公平的现象，争取性别平等。

7. 在进入男性很集中的行业，而且表现相对出色之后，你会发现，这些高竞争的领域更容易有成就感。你的收入、你的社会地位，都会有明显的提升。

• Part2 •　工作 vs 男友，永远选工作

不要寻找潜力股。你看中的，应该就是他的现在，而不是可能发达的未来。你可以喜欢他的上进心，但别指望着“等他发达了如何如何”。首先，他未必能发达；其次，发达之后跟他享受的人未必是你。有能力，为什么不帮自己，而是去帮别人，乞求别人能干而且良心发现，一辈子对你感恩戴德？

事业优先于家庭，女性才能经营好家庭

● 女生最合适那些低薪水、低风险、没有技术含量、服务型的工作？

女士们还记得吗，当你们准备找工作的时候，长辈或者朋友们是怎么劝导你们的？

是不是说：女生就要找轻松的、稳定的、没有什么竞争性的、没有技术含量、少动脑子的工作？是不是劝你们说，这样的工作虽然没钱、没机会、没地位、没发展，但是，方便照顾家庭，方便带小孩？（哪怕你那时连男朋友都没有。）

当然，这样的工作，一般来说都属于竞争性弱、可替代性强、没前途、升职困难的。比如，幼师、中小学老师、文员、前台、护士、服务员、家政员工……这样做的结果是什么呢？

从日常经验来看，很多领域，比如说医疗行业，高层次的主任医师等，以男性为主；而行业下游的服务型、辛苦、体力为主、收入低、工作时间长的护士，则绝大部分以女性为主。

教育行业，高层次的教授或系主任等，以男性为主；普通的讲师中，女性的比例明显较高。而中小学尤其是非主要的、收入较低的辅助课程的老师，以及幼师，又以女性为主。

普通裁缝，以女性为主；但服装设计师，又以男性为主。

日常做饭，以女性为主；但大厨，又以男性为主。

概括一下：各种行业，中高层主要都是男性，但基层的女性比例骤升。做饭或者做衣服，平常都是女性领域，一旦需要付费，马上就由男性占据。

● 每一个赚钱的领域，都挤满了男性，女性只是点缀

对于一部分学业较为优秀的女生来说，她们还可以选择考公务员，考博士，当大学老师，都非常体面。

前面说了，2016 年，中国的女生入学率，本科 53.44%，硕士 53.14%，博士 38.63%。本科和硕士都远超男性，但到了博士阶段，女生比重则降到不到四成。而且随着教职晋升，女性比例继续下降：讲师和副教授的女性比例接近四成，而到了教授级别时，女性仅占两成。

越高的级别，女性越少。

真的是因为女生成绩一夜之间变差了吗？显然不是。

三个原因：

1. 女生为了照顾家庭，让渡了自己的学业和职业空间给男性。男性无须照顾家庭。

2. 女生从小就被鼓励和要求要为家庭放弃事业。

3. 从升学到就业到升迁，女性被男性百般排挤。

4. 男性只需 60 分就可以通过的事，女性往往要做到 80 分。如果女性只能做到 75 分，她获得的回报很可能低于只有 60 分的男性的。

● 为什么“高贵”的职业总是不适合女生？

重申一点：尊重所有职业，也尊重个人选择。所有人的人格都是平等的，不管是清洁工还是教授。

不过，不同的工作体现出的回报，是有很大区别的。比如，资历更高、学问更好、科研力量更强的当教授，各方面都还不够分量的当副教授或讲师；他们的回报不仅体现在工资、待遇上，所受到的尊敬、能动用的资源，也有本质的不同。

“每一个赚钱的领域，都挤满了男性，女性只是点缀。”女人多的岗位都不挣钱——一旦这个行业开始挣钱了，就会开始设置一个说法：“女性不合适。”这也叫职业的性别隔离。

经常做饭的是女人吧？但工资高的厨师基本上是男人；做日料厨师很赚钱，日本餐饮业就说女人的体温不适合做刺身，如果女人的手做寿司和刺身，金贵的鱼肉容易老。

隧道、桥梁通车前，女工程师不能进，否则会塌。国内某个以建筑和土木闻名的大学里，土木系的女生不许学地下工程；地下工程系女生不受欢迎，是因为“红颜祸水”，会引来水。

中国男足坐的大巴女记者不能坐，否则会输。

可是，女记者不再与中国男足坐在一起，为什么中国男足还总是输呢？男足们能给个解释吗？

● 职场上到处都是看不见的天花板

1. 整体的歧视环境

总说女性地位高，北京师范大学劳动力市场中心发布的《2016中国劳动力市场发展报告》（以下简称《报告》）显示，目前中国女性劳动参与率约为64%，远高于世界平均水平（50.3%）。确实工作量很大。但实际情况如何？

（1）总经济参与程度超世界平均水平，同工同酬指数仅为六成。

报告显示，中国在经济方面的总体性别平等程度（0.654）高于世界平均水平（0.585），其中“职业技术工人”项指标已基本实现了性别平等（即数值趋近于1）。但与之形成鲜明对比的是，我国的高级官员、高层管理人员中的女性比例（0.201）仍远低于世界平均水平（0.320）。女性晋升公司董事会的机会约为男性的65%，而在上市公司中女性升迁进入董事会的概率仅为男性的十分之一。

这说明了什么？说明中国女性的工作非常多，但好工作很少。劳动参与多停留在劳动强度大、薪资水平较低、职业发展前途受限制的职业技术领域。

（2）报告显示，我国目前的女性和男性的同工薪资比约为64%，这意味着更多女性需要承担比男性更多的无偿劳动，才能拿到和男性一样的薪资。而报告背景数据呈现，女性的平均日工作时长远超男性的同时，她们包括下班后因家务、照料家人等产生的无偿工作时间约为男性的2.36倍。

女性劳动参与率与工资水平均低于男性，女性在就业和晋升过程中都受到限制。

（3）从供给上来看，女大学生数量连年增加，最近 3 年，女性大学毕业生占比在 51%左右徘徊。但是，2014 年和 2015 年，男性大学毕业生初次就业率均比女性高约 10.1%。如果考虑到男大学生数量没有女大学生多，更可以看出来，相对的就业率，女大学生的比例更低了。

（4）《报告》指出，1995 年我国的性别收入比为 85.9%，2002 年略有下降，达到 84.5%，2007 年性别工资差距进一步扩大，性别收入比下降到 73.9%，到 2013 年性别收入比上升到 78.2%。

而且，女性管理者中高层管理者的占比只有 13.67%，女性管理者的收入为男性的 93.4%，但女性受教育水平高于男性，大学本科以上学历占 81.4%，比男性高 7.1 个百分点。

（5）在 19 个行业大类中，女性多集中在进入门槛、技术含量和收入水平偏低的行业。以女性就业第二大行业教育业为例，37%的女性分布在初等教育中，仅有 11%分布在高等教育中，而男性相应的比例分别为 31%和 15%。

（6）城镇在业女性中，在党政机关工作的约占 8.7%；在事业单位工作的约占 16.3%，在企业工作的约占 18.5%，从事服务行业工作的约占 27.6%，其他均是非正规部门就业。

2. 女生要“偏向虎山行”

其实，什么样的职业、什么专业方向最好，不是一成不变。我们也知道时代发展快，风水轮流转，有时是外贸、金融吃香，有时是 IT、生物学受欢迎，法律、医科，或者电子工程等，都各领风骚若干年。

而且，这也跟个人的志趣有关，如果你早早就对艺术感兴趣，对新闻或写作有情结，或者就喜欢某个行业，那尽管去追求你的理想好了。在能谋生的前提下，追求自己的职业梦想是最好的事。

但这里的一个原则就是：除了基本的谋生功能以外，你的职业规则应该是自我实现，而不该是为他人服务。

女性参加什么样的工作，才能更好地自我实现？可以看看男性竞争最激烈的职业，或者工作岗位。那些都是好的职业方向。

比如，各种企业高管、金领、领导岗位、金融业、IT 业、科学家、高校老师、技术含量高的职位……一般都是有事业前景的，竞争力强的，难以替代的，薪水高的。想让自己有钱有事业，就挑男性挤破头的专业和职业去吧。

● 为什么女性很难爬升到更高职位

1. 全球女性政治地位下滑，中国妇女赋权有待加强

在跟女性政治领导力相关的数据中，我们发现，与全球女性的政治赋权指数平均值 0.227 相比，中国的本项数据仅为 0.160（0 为不平等，1 为平等）。我国女性人大代表的比例为 32%，而部长级女性官员比例为 11%，单项排名第 109 位，较世界平均数值 20.9% 还有明显差距。

2. 女性被打压，不是因为不努力，而是因为“不公平”

不要以为，是因为女性不努力，没本事，才会“遭遇不公平”；才会有透明天花板。

就连希拉里这样杰出的职业女性，也曾表示，她碰到了透明天花板。美国的前国务卿赖斯说，自己是女性又是黑人，从小就知道，自己必须付出三倍的努力，才能跟别人平等。这也就是，奋斗了十八年，才有资格跟你坐在一起喝咖啡。

男性天生就拥有的权益，女性却要努力奋斗才能够得到。指责“你没有平等的权利是因为你不够优秀”，实际上就是说，女性要非常优秀，才能得到普通男性天然拥有的权利；这不是不公平是什么？

天赋人权，而不是一小撮优秀的女人才配有人权，其他普通人就不该有人权。

你奋斗了，成为所在公司、所在领域的重要人物之后，不仅可以帮助你自己和自己的家庭，还能帮助更多女性打破这种透明天花板。

要确立这种信念。

3. 调查：职业女性如何看待自己的职业前景？

共 2000 名中国女性参与了调查《2016 中国女性职业与幸福感白皮书》[Lean In China（励媖中国） 携手《事实说报告》发布]，白皮书得出的结论是：

（1）70.32% 的女性认为，工作与家庭同等重要。认为婚姻 / 家庭比事业更重要的“70 后”女性比例（10.56%）比“90 后”女性比例（5.99%）高出近一倍。

（2）女性定义成功的前三个要素是——健康（68.28%），婚姻 / 家庭（45.82%）和幸福 / 满足（40.73%），这些是不直接与事业成功相关的要素。人们通常认为的和事业成功相关的要素——金钱、权力和影响力、社会影响力和声誉却比例最低。

（3）很大一部分单身女性以“自我实现”作为定义成功的重要元素（40.09%），而有同样想法的已婚无子女的女性和已婚有子女的女性仅占 28.69% 和 26.01%。与之相反，61.27% 的已婚有子女的女性以“家庭”来定义成功，而单身女性仅占 33.45%。

（4）74.9% 的女性认为社会需要更多女性领导者；但只有 24.49% 的女性的公司高层领导是女性。不过，近 50% 的女性认为她们有机会成为公司的高层领导。

（5）超过单身女性（20.40%）两倍的已婚有子女的女性（41.80%）认为：因为性别，她们没有机会晋升成为高层领导。婚姻，尤其是有子女，会极大地影响女性对晋升机会的看法。

（6）女性认为，在职场中她们仍然比男性面临更多的阻碍。只有 9.62% 的女性认为在工作中女性并没有比男性面对更多的阻碍。

（7）阻碍职场人发展的主要原因有：生育造成的职业中断（78.51%）和女性承担更多的家庭责任导致能投入到职业发展中的时间大幅减少（76.78%）。这两个原因是所有受访女性普遍面临的问题。

（8）调查结果显示，当受访女性被问及在职场中面临的最大挑战是什么时，排名前三位的挑战都与家庭责任有关，尤其是对女性在家庭中应该扮演的角色的期待，以及对平衡工作和生活的挣扎。

这些调查当中，几乎每一项都说明了一个问题：婚姻和生育，极大地影响了女性对事业的进取心。未婚者对事业相对有抱负，已婚者更注重家庭。

不能不说这是很可惜的。

4. 女性拥有更高职位，能够保障更多的女性权益

为了实现性别平等，缩小性别差距，我们鼓励女性走出家庭、走进公共领域、争取领导职位。

比如：

1950 年的《中华人民共和国婚姻法》当中的基本原则“婚姻自由，男女平等”，就是时任中国妇联副主席的邓颖超所贯彻的；该法中规定在婚姻家庭当中女性与男性有同样平等的地位和权利，同时，女性有参加社会工作的权利。

相对来说，男性很难理解女性的处境，不具备同理心，而且，很多法律制度、规章要求是站在男权视角，甚至是为维持男权社会而设立的。只有当越来越多的女性当上了领导，有资格参与主导社会发展、行业发展、公司发展的时候，女性的主体性才能被看到。

也正是因为如此，能干的女性积极参与领导，才有机会帮助更多女性。

比如，2016 年，韩国宪法法院宣布废除刑法中一项涉及处罚通奸者的法条，认定实行 60 多年的通奸罪违反宪法，侵犯公民个人权利。此时，正是韩国女总统朴槿惠当政期间。

2017 年，在林奕含自杀后，台湾司法界终于废除了通奸罪。这是在台湾地区女领导人蔡英文当政期间实现的。

从小处说，一个公司的中高层，如果女性的比例较高，也有可能更为体谅女性，性骚扰可能会减少，也会给予女性保障。

世界经济论坛教育、性别与就业系统负责人 Saadia Zahidi 说：

“时至 2017 年，我们不愿看到争取性别平等的努力出现逆转。性别平等既是道德需要，也是经济需要。我们也确实看到很多国家意识到它的重要性，它们为缩小性别差距而做的努力也已开始出现成效。”

● 为什么说性别最接近平等的北欧国家，至今还未实现同工同酬？

在世界经济论坛（WEF）发布的《全球性别差距报告》中，冰岛连续 9 年性别平等位列第一，被称为“女权主义天堂”，是全球最佳典范国家。冰岛议会中，女性议员占近半数。

但是，即便是性别平等排名第一的国家，至今仍未能实现男女同工同酬。

2016 年 10 月 24 日 14:38，成千上万的冰岛女性准时离开工作岗位，聚集在首都雷克雅未克的主广场上进行罢工，借此抗议本国的男女同工不同酬现象。

调查显示，冰岛女性雇员的工资比男性少 14%—18% 。按八小时工作制计算，假如每日工作时间为早上 9 点到下午 5 点，这个工资差异的鸿沟意味着妇女在下午 2:38 后的有效工作是得不到任何报酬的。因此，为了抗议工资差距，冰岛妇女决定，只在她们能得到合理薪资的时间内工作 。

31 年前，1975 年 10 月 24 日，冰岛全国 90% 的女性，在 14:08 分开始了罢工，以支持首都雷克雅未克发动的“女性休息日”游行。

8 年前，2008 年 10 月 24 日，冰岛女性因为女性薪水得到一些提高，在 14:25 分停工。

从 14：08，到 14：25，再到 14：38，冰岛女性开始罢工的时间逐渐推后。根据冰岛当地的一家名为 RUV 的机构计算，按照现有的性别平等运动的发展速度，2068 年，冰岛才会迎来男女“完全平等”的时代。

“我们都知道，世界上还没有一个国家真正实现了性别平等，但今天这个日子提醒我，即使是在公认性别平等指数最高的国家里，女人还没获得跟男人同等的工资。”一名抗议者说。

冰岛性别平等上的改变：

1975 年 10 月 24 日以前，冰岛历史上只有 9 名妇女曾在议会中获得席位，但是全国 90%的妇女参与了罢工，她们拒绝工作、做饭甚至照顾孩子 。

1980 年，世界上第一位民主选举的女总统 Vigdis Finnbogadottir 在冰岛履职。

1999 年，冰岛已经拥有了一个女性议员超过三分之一的国会。

2000 年，冰岛政府通过了育儿假法案，制定了许多鼓励女性重返工作岗位的福利政策。

今天，有高达 90%的冰岛父亲休育儿假。并且，研究表明，即使在假期结束后，他们仍然帮助分担家务和育儿责任。

国际劳工组织编写的《同工同酬入门指南》中写道：

薪酬不平等是一个微妙而长期的问题，如果没有清楚地理解相关概念及其对工作场所和整个社会的影响，不采取积极主动的措施，就很难解决这个问题。

从冰岛的努力来看，我们这个在性别平等上排在一百名后的国家，要争取平权，还任重道远啊。

● 事业优先于家庭，你才能经营好家庭

女性应该明白，除了生存之外，你的人生是用来自我实现的。也就是说，事业优先于家庭。那么，要注意什么呢？

（1）女性就职与学历相关，高学历女性始终比低学历女性有更大选择权，更多可能。

（2）女性就业动机不仅仅是补贴家用，还有在基本需要、安全需要、归属和爱的需要、尊重需要达到满足后，寻求自我实现需要的满足。要更多地寻找高收入的工作。

（3）女性不是为了别人工作，而是为了自己工作。

在这几年的共享经济、互联网经济，以及自媒体的大潮当中，不少女性找到了合适的创业机会。最新一期中国妇女社会地位调查显示，妇女从事第二、第三产业的比例比 10 年前提高了 25 个百分点，互联网领域创业者中女性占 55%。数据表明，在新兴产业和互联网领域，女性比男性更强。

长期以来女性多为非正规就业的主要劳动生产者，而当今自由职业有望成为主流，有实现经济独立自主的可能。我周围有很多女性朋友，不管是单身的，还是已婚的，都趁着时代的东风，找到了事业跃

升的机会。而且，她们也因为事业的成功和经济能力的大幅增强，而有了家庭事务的主动权。

我们应该对这个对女性不友好的环境有认识，调整心态，并且在以后有能力的时候，尽量改变它。

● 如何破解

1. 在事业上升的趋势稳定之后，再考虑生育的问题。

2. 即使你把“经营家庭”视为你的事业，那也应该清楚你的工作职责和薪水。这是一份工作。

3. 现在男性额外占据的各大重要岗位，都是争夺了女性的发展空间或者女性让渡而来的。他们绝不会自动放弃，作为女性，作为年轻女性，你们应该争取抢回来。

4. 只要可能，不要选择“方便照顾家庭”的“稳定低薪”的工作。不要因为你是女人，因为你有家庭和孩子，就主动把好工作让给男性。

5. 争取最有价值、回报率最高的岗位。

6. 越是女性被排斥的行业，只要你有能力、有兴趣，就越是不能因为性别的因素而放弃。

7. 一旦你进入了这个行业较为优秀的行列，你就会发现事半功倍。不要理会蝇虫的干扰。自己好才是真的好。

8. 不仅要努力争取站在更高的工作岗位上，如果你成为领导，也应该多提携其他有条件的女性，争取更多话语权。

投资男人不如投资自己

● 还在担心女人事业太强了，会吓跑男人吗？

大家看过《欢乐颂》吗？安迪能干、有钱，她吸引来的男人，是老谭、小包总、奇点，对她恭维都来不及。曲筱绡次之，能吸引来英俊、高学历的赵医生；樊胜美漂亮，但收入不高、有家庭负担，碰到的不是骗子就是像王柏川那样的“经济适用男”；关关喜欢赵医生，但赵医生都不看她；而邱莹莹则找了个更经济的实用男，而且三观明显有问题……

看出来了吗？这些女生匹配的男人，跟她们的颜值关系不大，跟她们的收入和社会地位密切相关。

唐晶很能干，她就能吸引到贺涵。

放心好了，你越能干、越有钱，吸引来的男性，越是跟你匹配的。男性并不蠢。难道你聪明能干富有的时候，都没有异性喜欢，等你又弱又贫穷又无能的时候，追求者纷纷出现？

● 不要投资男人，要投资自己

一位网友说：“明明我可以找到有北京户口的好工作，我周围所有人都要我辞职，回到四线城市，支持老公的工作，运用我的知识帮他晋升正高职称，运用我的资源把他提拔为主任，甚至副院长。”

一种常见的理论是：把你的一切包括资源给男人，等男人成功了以后，再由他感激你，回报你。

古代时，女人典衣卖酒供一个落魄书生，等他考上状元之后娶她；再等他当上了大官，再封她为“诰命夫人”。

但这是现代社会了。女人自己也可以工作，自己也可以升官晋职了。

首先，你怎么知道你把所有资源给这位落魄书生，他就一定能考上状元、一定能当上大官？

其次，万一你的眼光特别好，他真的如你所愿，考上状元当上官了，你怎么知道他一定会娶你？你怎么知道等他混了几十年，真的当上大官了，还会对一个贫贱的糟糠之妻一心一意，感恩戴德？

还有，如果把这种精力投资在自己身上，不需要弯弯绕绕，是不是得到回报的概率大很多？

如果你仍然认为他的能力比你大很多，投资在自己身上难以成功、投资在他身上才有可能成功，那么，他得到你的提携和帮助之后，层次早就比你高得多了，为什么还要跟你在一起？

在古代，无故抛妻弃子是重罪，尚且有秦香莲的丈夫陈世美和王宝钏的丈夫薛平贵的神操作，对方为了处理当初扶持他们的妻子、不让她们坏了自己的好事，不惜一切手段。

现在早就离婚自由了，他可以光明正大地甩了你。法律也支持离婚。

所以，有能力，为什么不帮自己，而是去帮别人，乞求别人能干而且良心发现，一辈子对你感恩戴德？

总结：不要找潜力股，不要投资男人，投资男人不如投资自己。

● 成功男性的“连续型多偶制”，了解一下？

现在有一个名词，就叫“连续型多偶制”，已成了某一类成功男士的标配。

大意就是，当男性二十多岁的时候，娶一个二十多岁的妻子。当男性四十多岁的时候，离婚，娶一个二十多岁的妻子。当男性五十多岁的时候，再离婚，再娶一个二十多岁的妻子。个别情况，还可能在六七十岁时再换妻。是为“连续型多偶制”。

这种情况，是合情、合理、合法的，虽然听起来颇为恶心。

因为结婚自由，离婚自由。当感情不在了，你也不能强求男人留在“糟糠妻”旁边，这种强制，没有意义，只能造成双方的痛苦。

人家有权追求他喜欢的人。

我曾在论坛上看到一位男士发帖说要离婚，因为他与老婆没法精神交流了。夫妻两人原是大学同学，家里都很穷；两人结婚，女生退学，赚钱供他去外国读书，读完书之后男生找到了工作。小孩也上学了，丈夫嫌女人只知道带小孩，没有趣味，决定离婚。

事到如今，你说该女性能怎么办？阻止他离婚？让男人把财产都给她，男人净身出户？

这两条，对于男性绝对强势、女性绝对弱势的家庭来说，都是做梦吧。基本上就是一个女性被扫地出门的节奏了。

● 当事业与爱情、家庭发生矛盾时怎么办？

我先来讲一个故事：我有一个朋友，她刚刚生下孩子七八个月的时候，有猎头挖她去一家公司，职位比现在的高两个层级，工资也翻了三倍，从此职业前景一片光明。但这家公司在一千公里以外的另一座城市，她以后就无法照顾婴儿了。她非常犹豫，也问过我的意见。最后，她给孩子断奶，去了。

一两年后，又有一家公司挖走她，她再去了另一座城市，又工作了三年。每个月至少飞回来一次到两次。后来，她跳槽到第四家公司，离家稍近一些。她的年薪一百多万元，是家里的主要经济支柱。

我不能说她做的就一定是最好的选择，这可能因人而异。不过，换一个角度来说，正常男性会放弃这个机会吗？我想不会。但我相信，绝大部分女性可能会这么做。

在职业前途和家庭之间，女性应该和男性的选择一样丰富。也就是说，女性选择照看年幼的孩子，是一种选择；但女性选择明显更加光明的职业前途，让丈夫来照看年幼的孩子，也是一种选择。问题是，敢选第二种的女性太少。

我建议女性们，尽可能创造条件，让丈夫和家人支持自己，多关心自己的事业。男人怎么做，女人也应当多向他们学习。

对于很多男性来说，事业和钱才是自己的，女人和孩子都是身外之物；要在充分照顾好自己、满足了自己之后，才去照顾他们。就像在飞机的安全指导上告诉你的那样，先给自己穿好救生衣，再给孩子穿。

女性，也要多树立这样的本体意识，也要把自己的发展、自己的事业，而不是别人的，放在优先级。

孩子怎么办呢？我只能说，女性没有能力处理好自己的事业、没有充分地社会化、没有能力处理好夫妻关系之前，不要轻易生孩子。

像前面说到的那位朋友，能够让她的丈夫为她的事业而担起照顾孩子的责任。很多丈夫都可以理所当然地让妻子这么做，但没有多少妻子能让丈夫这么做。

我们可以学习，增加人生的可能性。

● 如果男友有更好的前途，你该不该放手？

如果不是感情问题，而是他有更好的出路（比如出国），衡量方法：

1. 如果追随他，会让你的工作和事业下降，分手；

2. 如果追随他，你可能会辛苦，但很明显前景更好，选择追随。哪怕以后分手，也不吃亏。

3. 如果没有特殊原因（比如你家在小地方富甲一方，权势很大），那么，人往高处走，哪里更繁荣、更发达，就去哪里。

4. 追随男友的原则：选择更利于你个人的事业发展。如果他的发展能促进你发展，在一起；如果他的工作阻碍你的发展，分手。

● 女人“低就”毁一生

一个例子是：2018 年 3 月，媒体报道，湖南农大毕业的一个女子，

29岁，曾在西安做外贸工作，因父母担心年龄大了不好嫁人，返回湖南成家立业做了一名环卫工。同事评价她从没有大学生的架子，做事任劳任怨。她说："工种不分贵贱，我的路既然别人没有走过就没有资格去评价。"

这个例子当中，不谈环卫工人这个选择，"回家找人嫁了"，就是一条很可怕的路。一路往下掉。

另一个例子是：一个女博士，嫁了个有钱人，生了两个孩子，丈夫不让她出来工作，她也不知道自己想干吗。虽说是有钱人，但没有保姆没有钟点工，一个人管两个小孩，其实她自己就是保姆，丈夫有钱也跟她没啥关系。

还是那句话：如果你的人生目标只是结婚生孩子，女文盲也能做到。

家务劳动是一种生产力比较低下的劳动，技术含量低。不要从她工作挣多少钱看，要从生产力看。

不要说人各有志，你要真是"有志"，中学一读完直接去当环卫工人，你的工龄更长、工资更高；

或者你早早去念各种家政培训，考大学时报考儿童心理学、教育心理学之类的，就是为了好好培养孩子；这说明你真的只想做好你喜欢的事。

可你要想当一个专职保姆和生育机器，你花十几年学地质干什么？

不要说是你的"选择"。选择，是指你有选择项，你可以做这个也可以做那个。请问，你当了环卫工，你再选择进入外贸行业？你当了家庭主妇，尤其是遵从你丈夫说的“带二孩到六岁”，你再出来重拾你的博士行当？

放弃事业回到家庭，就是从高处跳下来；你可以选择跳下来，但你想回就回不去了。

● 如何理顺在前途上与父母的关系

情况有几种：

（1）父母事业有成，在他们的行业或他们的岗位上较为成功。他们能给你的未来事业有较好的指点，也能给你提供一定的资源。同时，你也基本上认可他们一直以来对你的指导。

这种情况下，不用别人提醒，你也会选择听从父母安排。毕竟，站在别人肩膀上成功来得快多了，也舒服多了。

（2）父母事业有成，他们想指导你，但你一直很不情愿，你想过自己的人生。也有可能你有自己的兴趣爱好，不能为父母所接受。怎么办？

确定你能为自己负责。不管是听父母的，还是听你自己内心的，你不是为了赌气，而是自己的抉择。

列个表，在不同的道路上衡量一下自己的得与失；认为更重要的部分，给个加权分数。最后，看分数高低来挑选。

当然，如果你内心非常确定，就按你想的来。

（3）父母完全无法为你的未来助力。因为时代变化很大，很多人的父母一代受的教育、经济水平都不怎么样，过得并不怎么样，他们不见得有能力指点子女；而且，父母的经验不够用。

那就孤独地奋斗吧。

但在你个人的生活稳定和改善之前，不赞成你无原则地回馈原生家庭，尤其是女性不要无原则地给兄弟输血。

（4）要不要父母的援助和钱？当然，如果他们给得起，一定要。

（5）如果父母要你放弃大城市的工作回老家（比如三、四线小城）考公务员（到国企上班）？别。除非你家里有五千万元以上的资产。

参见前面的“人往高处走”的原则。

再退一步说，小城市里，高学历女性非常难找到匹配的对象。因为有些高学历的年轻女性，为了求安稳，留在小城市的父母身边；但同等情况下的年轻男性，被鼓励“好男儿志在四方”“四海为家”，哪里发达、机会多往哪里走。

小城市里，硕士女配大专男很常见，女性的收入是男性收入的三五倍，家境和外貌要比丈夫好很多，也很常见。

最终，你们想回老家、回小城市去嫁人，但是，嫁给谁呢？

● 如何破解

1. 不要寻找潜力股。你看中的，应该就是他的现在，而不是可能发达的未来。你可以喜欢他的上进心，但别指望着“等他发达了如何如何”。首先，他未必能发达；其次，发达之后跟他享受的人未必是你。

2. 不要投入你和你家的资源去栽培你丈夫；更不要为了他以后可能的发达牺牲你的利益。理由同上。

3. “莫欺少年穷”，这话是少年说出来的，少女不应该说。问题并不是穷富，而是匹配度。

4. 不管你结不结婚，跟谁结婚，你的金钱和资源以及精力，都应该投资到自己身上；以及分一部分投资到孩子身上。这不是自私；因为在男性的普遍观念当中，他们不仅一直都是这么干的，还要求他们的妻子和家人都投资到他们自己身上；女性不向别人索取，已经是非常无私和独立的举动了。

5. 假如你是“连续型多偶制”的“接盘女侠”，二十多岁时看中人家五六十岁的有钱男人的话，我也并不建议。年轻女性与大几十岁的男人结婚，他们的子女比你还大，够你喝一壶的。而且，现代人的寿命太长，几乎很难等到分遗产的时候。

• Part3 •　职场逆袭：一个人就是一支军队

为什么不需要问男人如何平衡事业和家庭呢？因为对男性来说，只要做好了事业，就是对家庭做贡献了呀。而母亲承担了超人的工作，因为她又当爹又当妈的，还要上班，还要负责美美的。妈妈们的出路不在于做女超人，而是不需要再做女超人。要求或者期待她们做女超人，是一种绑架，更是一种剥削。

不要把回家带小孩当作退路

在这里，我觉得首先要纠正一个常见的观念：

女人有退路，工作干不好了还可以回家带小孩。男人没有退路。

错。你的退路，就是你把主动权拱手让给了别人。你想走轻松的路，那么就要为这一点点的轻松，付出沉重的代价。

这里，我又要祭出西蒙娜·波伏娃的名言了：

“男人的极大幸运在于，他，不论在成年还是在小时候，必须踏上一条极为艰苦的道路，不过这是一条最可靠的道路；女人的不幸则在于被几乎不可抗拒的诱惑包围着；她不被要求奋发向上，只被鼓励滑下去到达极乐。当她发觉自己被海市蜃楼愚弄时，已经为时太晚，她的力量在失败的冒险中已被耗尽。”

女人啊，事业和金钱，是你们最好的伙伴，它们才不会背叛你。

● 错误说法一：为什么历史上女性的贡献不如男性？

这里面有几个误解。

首先，是没有把生育、养育孩子和做家务计算在“劳动”和“贡献”里面。这是不公平的。

其次，女性在“社会贡献”上，有大量的工作和劳动价值是完全被抹杀的，比如古代的女子织布、耕田（如刘邦的妻子吕雉，在照顾小孩的同时也要下田劳动），做小商贸买卖等。如果有人能把历史上这些女性做的“社会”和“经济”层面的劳动重新正名，女性的社会工作即便没有男性多，也差不了多少。如果再结合她们生儿育女、做家务、照顾家人的劳动，只比男性多而绝不会比男性少。

但为什么女性没有占据很多社会重要岗位？那不是女性能力不足和懒所导致的，恰恰是男权社会的全面排挤造成的。

在古代，经济发展能力不足，没有工作岗位，男人尚且养不活，所以不可能允许女人也与他们竞争，于是发明出“大门不出、二门不迈”的妇德，要求女人裹脚，绝对不许见外人。

西方国家虽然社会制度不一样，表现形式不一样，但在贵族阶层同样有对贵族妇女“束腰”至畸形的要求，同样是有意识地限制她们的活动能力和工作能力，以虚弱为美，甚至以动不动就晕倒为美。

这些是历史原因。

进入现代社会，因为社会分工和经济发展，就业岗位增多，需要解放劳动力，女性才被允许工作了。同时，由于工业化大生产，创造劳动价值对体力的要求大大降低，男女能做的工作越来越接近了。

另一方面，现在女性能够较为平等地与男性一起参与工作，能自己赚取财富，是由科技进步、文明发展、制度保障得来的；几千年的历史当中，这个机会，也就是这几十年才实现，我们更应该好好把握。

由此来看，我们更应该多参与社会工作，多为社会做贡献。——请那些指责女性以往对社会贡献不多的人，不要继续剥夺女性为社会工作的机会，好吗？我们也想工作的！

● 错误说法二：男性应该从事收入高的工作，女性应该从事酬劳低的服务型的工作。

男性的特权要不要说得这么明白啊？

当然，现实当中，他们会故意把“收入高”“收入低”抹掉，就变成做管理的、搞技术的、搞金融的、大学教授、高级专家，男性更适合，因为男性更理性、更聪明能干。幼儿园老师、护士、清洁工、秘书、会计，女性更适合，因为女性更细心更有耐性。

看不出这两类工作与男女的“性征”有关。

显然，这不是“分工不同”的问题，而是“高等”的工作“适合”男性，“低等”的工作“适合”女性，一种社会的恶臭。

女生不是没有能力，她们也有非常强的、为社会做贡献的意愿。

越往上升，路越不好走，但价值也越大。“极为艰苦的道路”，就是“最可靠的道路”。

● 错误问题三：人权都是要自己努力争取来的。谁叫你们女人不努力呢？

这句话的意思就是：男性的人权是天赋的，每个人都有。女性要努力奋斗，成为精英中的精英，才可以享有跟普通男性一样的人权。

当然不对。基本人权，是指人身权利、受教育权、工作权和政治权利等，是平等的。而当下，经常出现在同等情况下，男性优先录取，男性低分录取，男性优先晋升；在涉及婚姻、家庭暴力等情况下，实际执行时，倾向于偏袒男性；在社会舆论上，经常污名化女性，不管是“女司机现象”，还是性犯罪受害者问题上，都喜欢抹黑和伤害女性——这些怎么是人权呢？

目前的问题是，男性自动拥有凌驾于女性之上的“特权”，女性想要努力争取平等，男性却要求女性“你不要努力想平等了”。请问，你觉得女人到底是太努力了，还是太不努力了呢？

实际上，他们的意思是，男人是高人一等的，但可以在女性里分配少数几个名额，能跟男人平起平坐。女性应当拼命在女性内部争取这几个高贵的名额，并打成一团。但不允许想整体改善女人的地位。

● 错误问题四：女人通过征服男人来征服世界？

我很讨厌的一句话就是：男人通过征服世界去征服女人，女人通过征服男人去征服世界。

不，女人为什么要拐弯，为什么要绕圈子，为什么先要服务男性，再从男性那里获得他一点唾余的打赏？他要是不打赏你怎么办？

我想起了两个电影中的细节：

一个是在影片《神奇女侠》最后，神奇女侠在与战神对战时，曾被战神重重地打下来，她摔倒在地，连地都崩裂了。但她一边爬起来，一边嘴角扬了扬，笑了。据采访，这个笑，是演员加朵对这个亚马逊女战士的理解。遇强则强，她在战斗中碰到了好对手，她很兴奋；这个笑，不是痛苦，不是仇恨，而是对战斗的渴望。这才是女战神啊！

一个是在美国的《正义联盟》的巡回宣传上。某次，各位超级英雄一起给粉丝们签名；加朵面前的队伍，比其他英雄的队伍都长得多。

这当然是明星加朵本人的魅力；但从排队的以小女生为主来看，很明显，小男孩们的超级英雄对象，有很多很多个；对小男孩来说，这是一种常规选项。但极少出现女性超级英雄，神奇女侠的出现太重要了。

现在越来越多的小女生的梦想，不再是成为超人的女朋友、美国队长的女朋友，而是自己成为超级英雄。

你是想当神奇女侠，还是当超人的女朋友？

你是想自己实现梦想，自己为这个社会赋能；还是为某个男人斟茶倒水，让他更好地实现他的梦想？

当然，你也可以选择后面的，那不是错。但一定要让更多女性知道，她们还有前面那个选项，她们还能够做得更好。

● **如何破解**

1. 你的职场竞争，不是与女性竞争，而是不分性别的竞争。男性在职场上占主导地位，很可能你的主要竞争对手都是男性。

2. 职场中，总有人忽悠你，女人别太累，不必像男人一样辛苦，女人有退路。不要相信，他们只不过想把好的机会留给男人。

3. 尽早确立你自己的职业梦想，给自己确立合适的标杆，朝着这个方向努力。这个标杆，可以是职位、薪水，也可以是社会地位。假如你的志向更高远，你还可以以改变、确立某行业标准，为社会做出具体的贡献为目标。这都非常好。

4. 你的个人生活，恋爱、婚姻、生育，或者参加培训、上 MBA 等，都应该在实现职业目标的前提下做好策划和安排。

在职场上，女性没有性别优势，只有性别劣势

● 别傻了，帮你扛个水、拎个包不是性别优势

“女孩子需要被照顾，被保护。”

“女孩子找不到工作没关系，还可以嫁人呀。”

“女孩子不要太辛苦，赚钱是男人的事。”

……

这样的话，听起来是不是很贴心？这不正是很多人嘴里的“性别优势”吗？

“女性性别优势”的重要倡导者，就是著名网红、“情感专家”Ayawawa；她对很多人影响很大，特别是年轻女性。她的理论之一就是，“女人在二十几岁事业比男人好，是因为利用了性别优势，并不代表能力强”。她还认为，女性嫁人最重要，事业强是女性的弱点。女性如果事业做得较好，也不是因为能力，而是性别优势。啥叫性别优势呢？那就是漂亮、发嗲和懂得依靠男人。

这可真是集谬误之大成。

以为女性在职场有性别优势有哪些误区？

1. 可以靠发嗲，少干一些活，或者让男员工帮你跑腿。——你就因为贪了这点小便宜，永远被人认为没本事、不认真、偷奸耍滑。大家开始不相信你的工作能力。

2. 可以靠给集体斟茶倒水、点餐等杂务，来展现女性的体贴。——这样的优点不比一个扫地阿姨多，干多了更容易被同职位的人看不起。你不是清洁工或勤务工，给你的工资不是让你来干这个的。

3. 可以跟客户眉来眼去，吸引订单。——什么客户这么瞎呢？什么订单这么廉价呢？好的商人应该在乎真正的利润和利益。

4. 靠着与人睡觉上位。——这是一种常用的泼脏水的方法，看哪个女人做得好，就否认她的能力，一概视为“睡上去的”。

女性想要踏踏实实地上进，就得扎扎实实地把工作做好。

而且，越是竞争激烈、收入高、要求能力高的工作，越不可能靠女性魅力来实现，越要靠真本事、真实力。认为女性魅力有用的，或者说以为能靠“睡”上位的，那种工作，都是可替代性很强的、水平比较低的工作，也就是说，用你也可以、用她也可以、用谁都可以的工作。

那些鼓励你用女性魅力来搞定的工作，还是尽早离开吧。

哪怕是娱乐圈，也绝不是像Ayawawa说的那样，靠长得漂亮和发嗲，就能当上明星。

正是这种“女性能力不如男人”“女性可以靠男人”“女性无须认真工作就能生活得好”的错误观念，导致女性在职场上无法进展，处处受打压，她们的事业空间被让渡给男性。

没有好的工作，没有好的经济条件，权利就难以得到保障。

不要犯傻了。

● 职场留给女性的都是性别劣势，必须克服

总体来说，中国女性就业率是全世界最高的，完全没有歇着，没有因此而“享受生活”。2016 年我国妇女就业人数已经达到 4.3 亿，相当于中国就业总人口的 45%。

但是就业的过程当中，现实却极不乐观。

以就业来说：

即使是不存在岗位限制的文科类专业，即便女生的专业成绩、综合素质和实践能力都优于男生，但在求职时依然会遭遇困难：用人单位更倾向于要男生。

2011 年，全国妇联发展部发表的《女大学生就业创业状况调查报告》指出：

56.7% 的被访女大学生在求职过程中感到“女生机会更少”；91.9% 的被访女大学生感受到用人单位的性别偏见。被访女大学生中，21.1% 的人“经常”感觉到性别偏见，25.3% 的人“时常”感觉到，45.4% 的人“偶尔”感觉到。

2015 年，全国妇联妇女研究所在北京等多地高校的调查显示，高达 86.6% 的女大学生受到过一种或多种招聘性别歧视。其中 80.2% 的女性认为在招聘过程中存在“招聘信息显示仅限男性或男性优先”的现象。

● 社会化完成之前，慎结婚，慎生孩子

1. 社会文化对职场母亲的谴责，使得女性惧怕追求事业

每个事业有所成的女性，都会被问：你如何兼顾家庭？因为女性最重要的战场是在家里，职场的工作往往是在照料家庭有余力的情况下，再去做的事情。所以会有《妈妈是超人》的真人秀节目。

但很少记者会主动问事业成功的男性“你如何兼顾家庭”，他们可能接下来被问及的是对世界局势的看法，对社会事件的看法。但同样的问题，不会拿来问女性。

还有，关于父子的亲子真人秀节目《爸爸去哪儿》等也很好玩。

愿意上亲子节目的男明星还算比较愿意带孩子的。但对比就可以看出来了，妈妈带孩子时是“超人”，爸爸带孩子时是傻乎乎、一问三不知的。

这样的娱乐节目，特别符合大众对父亲和母亲两种不同身份的理解和期待。

社会对男性育儿没有要求，男性全心投入工作因而没有多余的时间留给家人，被认为是一件很正常的事情，也就是说，大部分时候他只需要承担一方面的责任，而职业女性则被要求承担全部的责任。

2. 生育对女性职业发展的影响很大

因为生育，在职场上，女性被视为“不专心的”，她跟男性的薪酬待遇差距越来越大，而职场晋升等机会也越来越少了。

在智联招聘所做的“2017 年职场妈妈生存状况调研”当中，有近一半的职场女性尚未生育，其中不愿意生育的女性给出的理由的前三

条是，“时间和精力不够”、“抚养孩子费用太高”以及“担心影响工作和职业的发展”。

超过一半的被调查女性认为生育对女性职业发展的影响很大；66% 的职场女性在生育后出现了心情郁闷的情况，她们生育后最迫切的需求就是可自由支配的工作时间。并且，生育前，对于职业她们最先考虑的是薪酬，生育后则是上班的远近，有 77% 的人会因为工作地点离家太远而换工作。

女性在生育前会担心时间、精力和经济条件不足以保障一个新的家庭成员的健康成长；在生育当中则因为社会福利保障不够而担心自己的职业未来。很多男性不会与女性同休哺乳期产假；生育后的女性既要工作，又要照顾家庭，难道她们还要因为自己的工作而自责吗？

3. 丧偶式育儿，影响女性职场升迁

为什么中国女性普遍都是“丧偶式育儿”？

因为爸爸没有积极参与。

不要说：“我忙，你帮我带一下孩子。”孩子也是他的，带孩子是他当仁不让的义务，不是帮你做的。

丧偶式育儿的深层次原因：权力关系。男性不做家务，他们的妻子毫无办法。手里没有任何筹码，也无法给予对方压力。

而反过来，女性不做家务，则是本职工作大大失职。她会承受很大压力，遭受语言暴力，甚至更多。

这是偶然的个案吗？

新闻报道过一位“90 后”辣妈，没有耽误工作，但是三年中，她每天的睡觉时间都只有四小时。

大家称赞这位女性是“女超人”。她是很厉害。但孩子的父亲在哪里呢？他为什么依然能够香甜地睡八个小时？

真人秀《妈妈是超人》说明，母亲承担了超人的工作，因为她又当爹又当妈的，还要上班，还要负责把自己打扮得美美的。

妈妈们的出路不在于做女超人，而是不需要再做女超人。要求或者期待她们做女超人，是一种绑架，更是一种剥削。

而且，女性的家庭角色大大限制了女性职业生涯。

● 你不一定非要当兼顾事业与家庭的女超人

1. 优秀的女人就能平衡事业与家庭了吗？不，女超人不足取

为什么不需要问男人如何平衡事业和家庭呢？因为对男性来说，只要做好了事业，就是对家庭做贡献了呀。

育儿和家务劳动仍然被默认是女人的责任，你除了你的工作之外，还要做好育儿和家务劳动，你的时间要合理地分配给事业和家庭，当然需要平衡的技巧。中国，女性的家务无薪酬劳动平均每天比男性多出 2.5 个小时，还没算隐性的操劳。

我们要尽量打破这种习惯，这种默认家庭必须由女人来负责的观念，是不对的。它应该是双方的责任。

2. 你做选择的时候，想想男人一般是怎么选择的

有两个场景，我请大家代入一下，看看你会怎么选择：

一个场景是：你交往三年的男朋友，感情还不错，已经在谈婚论

嫁的阶段了，你也想尽快生孩子。有一天，你的领导忽然说，外派你去美国或英国三年，升职，负责当地的业务，薪水参照当地员工，比你现在的高一倍。你的男友拼命劝你不要去，他外语不好。你要是去了，你们只能分手。你很爱他，不舍得。

你怎么选择?

但如果是你的男友升职外派三年，他会为了你而放弃吗?

建议：选择事业和前途。你只选跟得上你的脚步的伴侣。

另一个场景是：你事业有成，但你的孩子上高中，很调皮，成绩不大好；老师已屡屡找家长来谈话了。这时，领导说让你负责一项很有挑战性的新项目，如果完成了，你就可以成为这个行业的翘楚，薪酬更是会很丰厚。但是要几个月连续加班。你喜欢挑战，正想接下任务的时候，老师又打电话来说，你儿子考试不及格！再不努力就上不了大学了!

请问，这个时候你是不是推掉这个项目呢?同样的情况，如果一个男人的儿子成绩不好，他会为此放弃事业吗?

建议：选择不易。只是提醒你，你的孩子有爸爸，你也有丈夫，关键时刻，他应该承担责任。

3. 谁天生不想偷懒?

向主流的男性观念学习。他们可以放下家庭、孩子、爱情的牵绊，以事业和个人为重，女人也应当这样。像男性一样，当事业与家庭有冲突的时候，优先选择事业。毕竟，男人会变，孩子有他自己的人生，只有你的工作你的人生，不会辜负你。

这是一个大的原则。一定会有人说：啊，我不管孩子那怎么行？我不做饭不做家务不就乱成一团了吗？

其实，谁天生不想偷懒？谁不想躺在沙发上打游戏或看电视，让别人在厨房里做饭、做菜、侍候自己？如果你认为那是你的责任，那就永远变成你的责任。这种男性的懒，就是被女人给宠出来的。以前是妈妈，后来是妻子。

家务分工，不属于你的家务，不要去动。比如，分工是你做饭，他洗碗，可以。三天他还没洗碗，你就自己拿个便当盒，千万别洗。

一般来说，不是品行特别糟糕的男人，被逼着，也会意识到问题了。

带孩子，费心费力，也要与丈夫统筹安排。——当然没有家务那么简单，万一孩子真没法安顿，你还是得越过统筹照顾他。正是因为如此，如果不能够两个人合理分工的话，你就不要轻易生育。

4. 女性的经济水平越高，对家庭的贡献就越大；女性学历越高，孩子的教育水平就越高

越是受教育程度高的女性，越是对孩子的养育更重视、投入更多心血。养孩子其实是天下最辛苦、最需要技术的劳动。

还有，孩子的智商与母亲的关系最大。你要是一个很蠢的妈咪、任人宰割的妈咪、无法分清轻重的妈咪，你的蠢也会遗传给你的儿女、教育给你的儿女的，好可怕。

有社会学者做了一个关于云南采茶女的研究，发现在当时的采茶条件下，成年女性比成年男性或幼年女性更有比较和绝对的优势，因

为茶树的高度，或者是采摘的技巧适合女性操作。采茶需要非常小巧和灵活的手势，成年女性对小的嫩茶特别敏感，所以，采茶区会偏向于用女性，女性的收入也会相应提高。可以看到，采茶区中，新生儿童里的女性比例更高，而且男生和女生的上学年限也会增加。在其他条件一样的情况下，当女性的收入提高到大约占全部家庭收入的 10% 时，一个家庭的女孩出生的可能性会增加 1%，男孩和女孩的受教育年限都会增加半年左右的时间。在同样的研究里，有一个控制变量组，谈到了种果树的地区，这样的地区就适合男性，更需要男性。

也就是说，女性在家庭当中经济水平的提高，能明显提高孩子（不分男女）的教育程度，更能提高女孩子在家庭中的地位。

所以，你应该像男人一样，多关注事业，这也是为了家庭好；男人也应该像女人一样，多关注家庭，更是为了家庭好、为了婚姻好。

当一个男人承担更多家务和育儿责任的时候，他出轨的概率也将大大降低。除了没时间之外，还因为，对这样的家，他才更有责任感。

● 能不能辞职做家庭主妇？

1. 在中国的语境下，不能。因为没有制度保障

现行《婚姻法》经过多次修订，关于“婚姻共同财产”的约定越来越细致，核心原则就是：保护资产方财产（债务）。

这个意思就是，婚姻当中，一旦离婚，谁的钱归谁。但债务共担。（现在稍好一点，重大债务“共债共签”了。）

也就是说，你的家务劳动，养育孩子的劳动，因为不付酬劳，法

律是不保障的。如果你没有赚钱，一旦离婚，你不会因为这部分劳动而获得一分钱。婚姻中规定的“共同财产”，你没有份。

中国的《婚姻法》之下，你还敢做全职主妇吗？

这个问题，我在微博上多次讨论过。

我无数次写文章说明女性的家务劳动、养儿育女的工作是多么繁重，中国家庭妇女的压力有多大；我很同情这一人群。

但是，你为之提供服务的丈夫承认吗？你想重返职场，随时都可以吗？我同情有用吗？

觉得自己伟大，想想几个问题你就明白了：

（1）当你想做大额投资时（比如移民、买房），你说了算，还是顺从丈夫的计划？当你离婚时，你能掌握几乎所有的财产去向、你对财产分配有非常高的话事权吗？

（2）当你与还在工作的女伴们在一起时，你说你是全职主妇，她们是各行各业的老总、高管、教授、处长时，你很为你的身份骄傲吗？

（3）你的孩子长大了，也会为你是个全职主妇而骄傲吗？

（4）你的丈夫，是否从未冒出“我在养你”“你过得太轻松”这样的说法？相反，他还能总是感激你为家庭付出的一切？

如果三个问题你都很肯定地说“是”，那么，恭喜你，你确实找到了合适的职业。

但能达到这样的智商的家庭妇女，十万中无一，很难。

如果男人认为当家庭妇女很伟大，那为什么男人不选择在家当“家庭煮夫”，做家务，带孩子？既然在家带孩子又伟大、又舒适，为什么这些在男人眼里会被视为没有尊严？为什么男人不仅不选择这种“伟大”，反而视之为耻辱？

一样“伟大”的事，鼓励别人去做，而自己耻于去做，到底这个“伟大”是什么性质的，应该看清楚了。

2. 这是可以理解的个人选择，却是一种糟糕的社会风气

我只批评这种社会导向，而不想针对做出选择的个人。

每个人都有个人选择的自由，这个没问题，我不会去批评一个当家庭主妇的女人。因为每个人情况不一样，我身边也有不少人暂时性地做了全职妈妈，很多是短暂的、是在实在没有人带小孩的情况之下迫于无奈的权宜之计。怎么可能批评得出口？

但这是一种好的社会风气、有价值的趋势吗？这是可以讨论的。

如果你选择当家庭主妇，我只会“哦”一声。因为这是你的个人选择，你爱上升上升，爱下降下降。

如果你说，要鼓励女人有当家庭主妇的自由，不对你翻白眼对谁翻白眼？因为你在拖全社会女性的后腿。

当家庭主妇这几千年来都有自由，你不用争取。女人能出来工作的历史只有几十年，一不小心就退回去了。

等女人都必须去当家庭主妇了，根本不可能还有你上学的机会。恐怕，连字都不必认识了。

家庭女性地位的提高，全是靠那些工作的女性、占据了社会重要位置的女性、参政议政的女性，是她们在维护你们的权益。要是你们家庭妇女能组织起自己的工会，想尽办法维护自己的利益，一定能证

明自己是值得尊敬的，大家必定刮目相看。

最后强调一点：即便是全职主妇，也要社会化。你的生活，不是只为了效忠你的丈夫。你不仅应该有你的朋友、你的兴趣爱好、你的独有的生活方式，还应该参与社会的进程。

3. 难题：越是要求企业给女性生育福利，女性的职场生涯就越艰难

《妇女权益保障法》第 23 条第一款规定，各单位在录用职工时，除不适合妇女的工种或者岗位外，不得以性别为由拒绝录用妇女或者提高对妇女的录用标准。

《就业促进法》第 27 条规定，用人单位招用人员，不得以性别为由拒绝录用妇女或者提高对妇女的录用标准。

政府法规或部门条例虽然规定了女职工产假、哺乳假等假期，但在执行过程中，基层企业尤其是私营企业，因为不愿增加用工成本，或因部门工作岗位特殊，存在不可替代性，企业主尽可能地压缩、减少女职工的相关假期，更有甚者，以“下岗”相要挟，女职工处于被动局面。

政府越规定女性应享有尽可能多的福利，企业雇用女性员工的压力就越大，企业就越倾向于不雇用女性员工，女性找工作就越难。

孩子的成长，是与社会密切相关的。社会和政府完全可以改善母亲的工作环境。

（1）政府方面承担女性的福利，而不是转嫁到企业身上。尤其是

在政府呼吁女性多生育的今天，这是政府的责任。

（2）减少一些非必需的福利，比如“例假假”“更年期假”，男性女性员工一视同仁。这些只对于极个别女性员工有意义的“假期”完全可以个别解决，无须绑架全体女性，增加企业的用工成本，令企业不愿雇用女性。

（3）重要举措：男女同休产假。让男性也感觉到当父亲的喜悦，也能参与孩子的照料。这样，企业用工在性别上，差别就很小了。两性的就业不平衡也能得到解决。

这才是女性最根本的问题。

● 满足以下要素，你才可以安心当家庭主妇

如果确有必要，也不是不可以当全职主妇，也不见得当全职主妇一定不幸。

但这是有前提的，不是个人能力或者挑选的丈夫如何的问题，而是社会要给予足够的制度保障、价值观认可：

1. 法律的保障。比如个人财产透明，男方无法隐匿财产，如果离婚，在女方再婚或找到工作前男方付抚养费，银行直接从男方工资卡划拨抚养费给女方。

2. 法律、社会对全职主妇工作价值的认可。不必像王 ×× 与马 × 离婚案中，很多女性跳出来说，钱全都是王 ×× 挣的，马 × 该净身出户，仿佛她十年期间生育、教育两个小孩，管理公司，做家务，照顾王 ×× 的父母都没有任何价值似的。

3. 社会的尊重。这个，没有前面的保障，我也不知道如何体现。就算在欧美国家，也做不到全然的尊重。

4. 丈夫发自内心感谢和认同。没有前面三条，这一条，他对你的爱和感激，随时可以撤销，而你却没有办法把小孩重新塞回肚子里。你养育孩子浪费了五年、十年的时间，几乎无法重回职场了。

5. 全职主妇们，是否为了争取自己的利益，在社会上，组织过互助、联合组织？是否曾通过种种方式，要求立法或者出台相应的规则，保障自己家务劳动的价值？是否跟全社会无法把你的劳动折现这种风气对抗过？是否有争取权利的议价权？

要认识到，阻碍全职主妇获得基本权利的绊脚石，不是职业女性（她们才是同盟），而是男权制度下的社会。

一个建议：家庭妇女们应该联合起来，努力争取家庭妇女的权利保障，推动制度、立法，要求以合适的方式支付家务、生育和养育孩子的薪酬。

● 别看不起男人带孩子的能力

必须打破几个误区：

1. 认为男人粗心，带不好孩子。这是传统偏见。比妈妈细心的爸爸多了。他们抢夺那些重要岗位时，怎么不说男人粗心做不好、只能把领导岗位让给女人？而一到带孩子就说男人粗心，只能让女人做。

一定要让他参与带孩子，尽可能创造机会让他带。

2. 总希望丈夫或保姆、爷爷奶奶们，按自己的方式来带孩子。

比如，关于吃什么、穿什么、玩什么、简单的行为习惯，你总是在不断地纠正别人的教育方式。很多都没有对错之分，只是个人习惯和风格。你一定强行要别人按你的方式来，结果只能是你自己来干。

孩子有你丈夫的基因，如果你这么否认他的认知与能力，不信任他的能力，本来就不该与他生孩子。一些无关紧要的细节，如果是丈夫或公婆在带，孩子的衣服弄脏了、吃了点零食、不高兴哭了，你不必急着纠正，让他们自己去处理。

如果你非要亲力亲为，想掌握所有细节，你就无法腾出精力来做更重要的事。

● 如何破解

1. 不要总想着当人生赢家，样样兼顾。

2. 在没有巩固好自己的事业、没有足够的赚钱能力之前，不轻易生育。

3. 在不能与丈夫在共同养育孩子方面达成一致、不能让丈夫也承担足够的抚养义务之前，不轻易生育。

4. 自己的情绪和心态不稳定之前，不轻易生育。

5. 生了孩子之后，孩子需要足够的照料，但工作是第一位的。因为工作是属于你人生的一部分，自己的事业、自己的梦想和人生优先。

6. 不轻易以孩子作为不工作、懈怠工作的挡箭牌。

7. 不要忘记，孩子有爸爸，多让爸爸照顾孩子。

职场性骚扰，是一种对女性的驱逐

● 职场性骚扰，与性无关，是权力的宣示

性侵，展现出来的更多的是权力的关系。

女权激进主义者苏珊·布朗米勒（Susan Brownmiller）写有一部女权主义著作《违背我们的意愿》(1975)。她的名言是：强奸其实就是一个有意识的恐吓过程。在这个过程中，男人们让女人们处在一种害怕的状态。她认为，强奸是种政治犯罪，强奸不是激情犯罪，而是一场彻彻底底的预谋，并且经常是团伙作案。不管强奸是如何发生以及在何地发生，其动机都不是为了性欲，而是为了权力。

在职场上，发生性骚扰，一般并不意味着对方的性欲特别强，或者对你有特别的感情，纯粹是因为他有权力；不仅包括上极对下属的权力，平级之间的性骚扰，也有一种男性对女性的权力、霸凌的色彩在里面，也要证明他能够让你臣服、能够羞辱你。

另外，再举一个很常见的例子：

在同事或者男女齐聚的餐桌上大谈黄段子，实际上是对女性的一种驱逐信号。

这是一种性骚扰。一种情况是非常具体地针对某位女性的黄色笑话，让其难堪；另一种情况是无差别地说下流黄段子。

与其说他们是出乎性的满足，不如说，他们想把女性驱逐出他们

的社交圈子，以便更好地独占只属于男性的工作空间。

确实很多女性不堪其辱，不愿再参与聚会、参与社交，她们就慢慢被边缘化；只有少部分特别彪悍、情商特别高的女性，才可以坚持下来。

甚至，我常觉得一些轻微的、普遍性的性骚扰，本质上也都是出于驱逐女性的目的。

● 如何应对性骚扰？

不受凌辱、不受威胁，不过可以学会一点技巧、留点余地。

按我的理解，职场里性骚扰可粗略地分为软性性骚扰和硬性性骚扰。

1. 软性性骚扰

我指的是故意当着女性说黄段子、说一些很不尊重女性的话，酒席上强行给女同事灌酒，见了哪个女同事都拍拍她们的肩膀……

这种性骚扰的特点就是：当事人胆子还不是足够大，他得遮遮掩掩，弄个外壳假装，掩饰他的性骚扰本质。

2. 硬性性骚扰

另一种是以权势压人，或者就是强行胁迫，这种强硬的性骚扰才最难对付。

这种性骚扰的特点是：你抗拒不从，他就给你小鞋穿，为难你，打压你，以你的事业前途或者其他方面来威胁你。

职场上的性骚扰，往往有直接或间接的依靠权势压迫的因素，但也不是没有办法化解。

我讲一个故事。我有一位好友，美女，以前是地方电视台主播。有一次外出做一个活动的主持，晚上答谢宴时，来了一位当地领导，台长对他毕恭毕敬的。这位领导就要求这个主播必须跟他碰杯喝多少杯酒，从台长以下，大家都一直起哄。这位女主播说不想喝，这位领导还在坚持。

女主播拉下脸了："听说您有女儿，您的女儿跟我差不多大吧？如果您的女儿被跟您一样大的陌生人灌酒，您心里什么感受？"全场吓呆了。

旁边还有人想打圆场："领导开玩笑的，你随便抿一口就算是喝过了总行吧？"

女主播冷冷地说："不行。我也有父亲，我父亲要是知道我在不情愿的情况下被人灌酒，他会很难过他没保护我。"

领导也愣了一下。这时旁边的随从赶紧把话头岔开，算是糊弄过去了。

本来女主播以为会挨骂，结果台里的好几个主管都悄悄地向她伸出大拇指。这件事过去了，她并没有被穿小鞋，而且，再也没有人敢难为她。大家背后都说：别惹她，她连某某领导都敢当面骂。

当然，这只是一个例子；也不是什么情况、对什么人都能用类似的招式。但至少说明一点：拒绝性骚扰，不像大家以为的那么难。

● 调查实录：中国的性骚扰有多严重？

中国人民大学性社会学研究所于2000年、2006年和2010年分别完成三次“中国人的性”的全国总人口随机抽样调查。调查对象是中国境内18—61岁、会讲汉语、能识汉字的总人口。有一次的调查是关于“性骚扰”的。

女性中，遭受言语性骚扰、动作性骚扰的分布情况如下：

最多的性骚扰发生在基本相互平等的三种人际关系之中——同事、同学、熟人、邻居、业务关系；对象、前男友；家庭成员、亲戚。总计占到言语性骚扰的67.1%，占动作性骚扰的51.9%。

次多的是发生在陌生或刚刚相识的人际关系之中——陌生人，网友、征友或刚认识的人，总计占到言语性骚扰的25.3%，占到动作性骚扰的35.0%。

性骚扰是对方利用职权的情况最少——“老板、上级、领导、老师、对我有恩的人”只占7.6%和13.1%。

文中倾向于认为，至少其中的一部分人，很可能确实没有认为上级的某些行为是性骚扰。

具体来看，在小学和小学以下文化程度的人中，受到过任何一种性骚扰的只有5.5%，可是在初中文化的人中增加到11.1%，在高中文化的人中增加到12.5%，在大专文化者中增加到14.9%；而到了本科及以上者则高达16.9%。在农民和工人当中，受到过任何一种性骚扰的比例仅仅是8.0%，但是在商业服务业人员中增加到14.2%；在白领工作者中也达到12.0%，在企业家或者领导者当中则是13.2%。

受到性骚扰的可能性上，在文化程度方面，与小学和小学以下文化程度的人相比，初中和高中文化程度的人增加44%—48%，大专和本科及以上者则增加73%—74%。

由于这是被调查者的“主观感受”，这说明：文化程度越高和职业等级越高的人，就越是可能认为自己受到过性骚扰，而且越是愿意把它报告出来。

（作者：黄盈盈、潘绥铭。本文原载《探索与争鸣》2013年7期第58—62页，原题为《21世纪中国的性骚扰的调查实证：话语介入与主体建构之悖》。）

这个调查是什么意思呢？那就是，有大量的性骚扰，实际上并没有被定义为性骚扰。越是文化程度高的人，越能意识到那是性骚扰。

当然，也只有意识到问题，才谈得上去解决。

● 如何破解

1. 对于职场性骚扰，不要怀疑你的直觉，不要担心自己“玻璃心”。令你感觉到不愉悦的接触或者色情玩笑、性别玩笑，就是性骚扰。

2. 性骚扰并不是不可能化解，哪怕他的级别比你高。因为，他们也很担心暴露本来面目。

3. 如果你对骚扰不满，请在第一时间就表达出来；不让他进一步接触你，不让他得寸进尺。这样效果最佳。等你忍让了很长时间再爆发之后，反抗会变得困难很多，也会有更多不利的舆论。

4. 要有辞职的底气。

5. 要相信，一个能容纳性骚扰惯犯的公司，没什么前途。

不少女性有两层顾虑。一层是，得罪了他，是不是就一定被炒？不一定，这个与公司的整体素质有关。但纵容会让你更憋屈。

另一层是，如果我答应了，是不是能有一些好处？——问题是，在这种靠性骚扰女员工、然后给好处封嘴或者提拔的公司，能干出什么名堂来？还有，先被性骚扰而后等着施害者给好处和补偿的女性，都是又软弱无能又心眼不足的，拿什么跟嚣张的恶人斗？只会一无所获，还背负着新的屈辱，何必呢？

反抗，往往是比较有效的一招。

但我也要声明：我欣赏那些反应极快，而且不惜与恶人对抗的女性。但也理解那些被欺凌而不敢反抗的女性。我们需要对受害人更宽松的风气。

· Part4 ·　不做“渣男”鉴定仪，当感情的主动者

坚持“我本位”，“相不相信”男人不重要。时刻保持自我，知道自己要什么，保护好身体，保护好财产，一切是为了以后更好地生活。不要把时间浪费在不必要的人身上，连恨都是多余的。

认清男人之前，先认清自己

● 什么是“渣男”？

我觉得很多人的出发点就错了，不应先识别一个男人是不是“渣男”，然后再决定是否交往或结婚。

因为，有些人只对你“渣”，但换了一个适合她的女人，马上就变成好男人。而有些人，从传统观念来看，不嫖不赌，不抽烟不喝酒，没有不良嗜好，不和女人暧昧，不打老婆，有正当工作，绝世好男人啊！——但是，你们的喜好不一样，你们的审美不一样，你们的价值观不一样；他希望过非常简朴的生活，你喜欢消费；他喜欢你辞职做家庭主妇，你是位事业女性；他要求你跟他的爸妈一起生活，你只想过二人世界——你跟他在一起，就是非常痛苦的，合不来。这样的“好男人”，对你来讲，毫无价值。

有些女性寻找伴侣的出发点就错了：

不是找一个人“娶”你、“要”你就够了。

而是你寻找一个合适的、喜欢的人。

● 为什么会有“渣男”的存在？

1. 确立主体意识，你比男人重要

什么样的男人是渣男？关键不在于对方，而在于你自己。一人之蜜糖，一人之砒霜。有些女孩就是人渣吸铁石。

谁都有缺点，有缺点不是问题。女生在谈恋爱中，避免成为人渣吸铁石，就要确立自己的主体意识。以自己为中心，而不是以男性为中心。

主体意识就是：我恋爱，我谈男友，是为了让我开心，为了让我生活得更好。如果让我不开心了，我就不要。“我”的感受是第一位的。

万变不离其宗：让你不快乐比快乐多的，不管是不是渣男，都要分手。

虽然让你高兴的，不一定就不是渣男，但只要他开始令你难过了，分手就行了啊。

但那些看似“老实人”，没有什么说得出来的大缺点的，只要无法令你开心，一律 PASS 掉。

有了这种观念，人渣离你一公里就会被你的气场弹开了。掌握这个关键核心，就算你不能永远快乐，但一定痛苦比较少。

当然，这个不开心，不是要小性子那种，是长期的、有疑惑的、让你觉得不信任的。

因为你的目标是幸福，而不是“有人要你”。

2. 不要忍受不公正

“让自己不开心”，指的是什么？一方面，可以指你们没有默契，他的言谈举止、对待你的方式，无法让你愉快。

但更令人忽略的，则是那种“他平时对我很好啊，只不过有时打我 / 羞辱我 / 骂我 / 当众嘲笑我看不起我而已”。

后面这种情况，常常让女孩迷惑，觉得对方还是爱自己的，只是方法不对，希望他能改掉打她 / 羞辱她 / 骂她 / 当众嘲笑她的习惯。

更严重的情况，就变成“他家暴、赌博、嫖娼、染性病，经常辱骂我，但他还是一个好男孩”。

我用程度最轻的词，很笼统地概括，那就是，对你不公正：他拥有随意处置你的权力，你的规劝他丝毫不放在眼里（对你下跪求饶或者哭着请你原谅，只说明了他有演技），但你无法改变他。

同时，你的自由并不多，你时刻担心他来干预你。

更不必说你也有同样的能力来对待他了。

● 哪些男性第一眼就不能靠近

第一种：贬低你的、贬低女性的。这是一种控制欲。

我有一个熟人，她曾经交过一个男朋友。开始男友拿她开玩笑，说她是小猪，说她笨。她觉得是亲昵，没在意；后来，语气就变成了：你这么胖，我不要你谁要你？你这么笨的人，要不是有我罩着，外面坏人那么多，你啥本事也没有怎么办？你得感激我。

虽然还是情话，她已经感觉不对劲了。

但由于这些话是裹着蜜糖来说的，比如说，就算你这么难看、没人要你，我也不计较，我多爱你啊。——听起来，好像也挺温柔的。

慢慢地，男友说她丑，配不上自己，如果不是自己大发慈悲，根本不会看上她；说她的朋友都是想要坑她的，没一个安好心。

当时大家都是毕业没多久，这个女生还不是太成熟，一度变得自卑，越来越胖。

男友还翻看她的手机，控制她的人际交往，删她的通信好友。

幸好后来女生终于爆发了，分手了。

分手后，女生才发现，这个男生逢人就说这个女友的坏话，搞得朋友们都回避她；反过来，也让女生误以为那些朋友都不好、相信了男友。

当然，现在女孩早就结婚了。不仅如此，在那段恋情之后，恢复了正常自信的她很快就减了肥，重新结交了新的朋友。人生又回到了正轨上来。

其实，打压你，就是为了让你自卑，就是为了控制你。

第二种：直男癌和超级直男癌。

这个表现形式多种多样，一本书都写不完。我借助微博征集的形式，来列举一些表现，以下为高票答案（内容来自微博 @ 虎掰掰的征集）：

1. 指着一片荒地得意地说："那是我们家祖坟，咱俩结婚以后你要生了男孩也能埋进去。"

2. 我知道在外人看来我这种人不缺女朋友。

3. 发张自拍来看看，要素颜的。

4. 虽然我不是（处男）了，但是我还是很介意这个，谈恋爱没关系，结婚总要是个处女，才圆满。（真人真事）

5. 我喜欢清纯的女生，你们这种化妆的一看就很浪。

6. 女人事业心太强了不好。

7. 女博士没有人要。

8. 我年薪 ×× 万，想要什么样的女的找不到！

9. 女孩子生来就是要给别人家的，给我这样的男人是她的福气。

10. 腿那么粗，还是平胸 。

11. 相亲前，对方要求我录一段十分钟的视频，详细介绍个人及家庭情况，并展现才艺，他看过视频后再决定是否见面。但他的信息对我一切保密。介绍人说如果通过视频甄选就能见面互相了解了，所以加油在视频里展现自己最好的一面吧。

12. “我们有好几家亲戚都灭绝了！”“……怎么回事？”“他们到死都生不出儿子！”

13. 女人不生孩子就不叫女人。还说女人就要会持家，照顾好家里人，带孩子，女生太强势不好，要温柔。还有女人不结婚，这辈子就毁了。

14. “下班了好累，想找个女朋友给我做饭吃。”“那你请个保姆好了呀。”“保姆要钱呀！女朋友不要钱，嘿嘿。”

15. “女的被强奸明明自己爽到了还装出一副受害者的样子。”

收集一下我身边的，比较善意的，男性朋友说过的话。

“你那么老了，还这么认真写作，要向你学习。”

“你晚点下班没关系。放心，你年龄那么大了，不会不安全的。”

“这么努力工作干吗？让你老公养你不就行了。赚钱不是他的事吗？”

“在我眼里，过了 35 岁的女人就和 65 岁没有区别了，看都不会看一眼。”

还有，如果你认为某些事情是错的，某个人做错了，某个安排不公平，对方不去谈具体的问题，而是直接说："你为什么生气？是不是来例假（更年期）了？"

简单来说，特点就是看不起女性，并且自以为是，认为性别为男就是自己最大的优点。对人对己，双重标准。

这种男人，千万不要交往，交往了以后要尽早甩掉。他会让你经常呕吐的。

为什么我觉得这种人不能要呢？人人都有缺点，有缺点不是问题，但如果他不尊重你，别的都免谈了。

● 学会舍弃，学会原谅自己

人是在成长的，社会也在变化和成熟。

这个社会对女性充满了恶意，导致不少女性在少年时期和年轻时期会被伤害，或者犯过一些识人不明的错。

而传统的价值观会令很多女性无法走出过去，要么变得自暴自弃，要么就会陷入自卑，不管是明显的自卑还是隐性的自卑。

由于每个人情况复杂，我这里无法全都分析到。据我的观察，会有以下几种：

1. 我不是处女了，以后的男友会不会介意？

2. 我恨之前的那个"渣男"，太渣了，我要向他现在的女友说清楚他的一切！

3. 我都为现在的男友打了几次胎了，他又嫖又赌，现在还要抛弃我，我死也要缠着他。

4. 我再也不相信男人了。

各种各样的挫败感，都是因为曾经的“渣男”引起的。

● 报复“渣男”没必要，也不重要

近来，时不时有女性向我咨询，她们人生中碰到极大的困境，该怎么办。

举例说，有的是前些年未成年时被亲戚欺骗、引诱、发生性关系；现在成年了，越想越愤怒，想搞臭他。

有的是自己因男友而堕胎，男友还劈腿，还对她百般羞辱；分手后只想报复他。

有的是被家暴，怀孕时还被打，打得很惨，终于离婚了。现在想寻求能搞臭对方的办法，让他别想好过。

我的建议是：停止吧。你先躲吧，躲得远远的，越远越好。

后面那个例子，如果父母能支持的话，可以找个好律师，拿验伤报告打官司，要一点赔偿。如果娘家的经济实力不行，那就认栽了。

自己以后的人生，是第一位的。先赚钱，先能力强大了再说。

坏人对你的加害能力，比你对他的加害能力大得多。

你的能力连自保都不行，还妄想干上帝的活，惩罚恶人，伸张正义——是不是想太多了？

这个社会需要正义，需要改变；冤屈需要得到公正对待。但如果你一个弱者好不容易逃离魔爪，还要你转过身去伸张正义，就像飞蛾扑火一样，那对弱者太苛求。

讨公道，要公平，是这个社会的责任，不是弱者的责任。弱者先要自保。假若弱者能慢慢变成强者，等到那一天，再去努力推动社会进步吧。

不过，有几种情况，我觉得是可以去做的：

1. 侵害还在进行当中，你当然不能忍，不仅要想办法摆脱伤害，还要报警和惩罚恶人。

2. 你的信念坚定，很清楚自己要做什么，并且对将来的后果有足够的心理准备。

3. 得到了亲人、朋友或者社会的帮助，你希望能够通过这些抗争，帮助更多的人。

虽然路注定是非常不好走的，但能这么做，是一种很了不起的英雄行为。

● 如何破解

如何识别“渣男”？

1. 不要接受一点点不公正对待。对你再好，只要他对你不公正，就要离开。

2. 提高对男人不尊重女人的敏感度。只要不尊重女人，就一票否决。

看不起女人，不管他当初追求你的时候如何山盟海誓，他的骨子里都不可能看得起你：你是比他低一等的人。

3. 公正和平等，比爱更重要。没有平等和公正的爱，本来就不是爱；那是你的幻觉。自我欺骗你只会更痛苦。

4. 从爱自己开始。从不怕得罪人开始，反正他也没怕过得罪你。

5. 你爱不爱他，比他爱不爱你重要。

别以为男人只要爱你，就是好男人。你先想，你爱他有几分？你有没有因为他而变得更开心？你有没有因为他而变成一个更好的自己？如果答案是否定的，你管他爱不爱你呢，及时走人。

如何摆脱“渣男”？

1. 一定要分手。无论如何，知道对方是“渣男”、他带给你各种痛苦以后，哪怕打掉胎儿也要分手。因为孩子也不想生活在一个自暴自弃的妈妈的阴影下，你坑了自己，难道还想连孩子的一辈子也坑？

2. 不要报复。你的人生是为了往前走。你又不是秦香莲，又不是大法官。何况，陷入这种情绪当中的你，就是弱鸡一个，你连过好自己人生的能力都没有，哪有本领伸张正义。别想着鱼死网破了，八成鱼死了，网还好好的。——除非你父母身家亿万，碾死他像碾死蚂蚁一样不费吹灰之力；但我估计那时候有大把好男人由你挑，分了一个下一个就赶上来了，你哪有空记仇。

3. 忘记不快，往前走。“相不相信”男人不重要。吃一堑长一智，时刻保持自我，知道自己要什么，保护好身体，保护好财产，还是可以好好谈恋爱的，合不来再分就好了。

4. 还是那句话：“我”本位。一切是为了以后更好地生活。不要把时间浪费在不必要的人身上，连恨都是多余的。

总是忙于鉴定“渣男”的人，容易变怨妇

● 不要热衷于鉴定和甄别“渣男”，没意义

那些你所谓的“渣男”，可能仅是不适合你的人。

每位女性性格不一样，喜欢的东西也不一样。有人喜欢帅的，有人喜欢有钱的，有人喜欢有才的，有人喜欢会逗她开心的。都没有问题。同样，有人喜欢平淡生活，有人喜欢刺激一点，也很正常。很难说哪一种男人适合所有人。

1. 对你不好的，就是“渣男”？

2. 劈腿的，就是“渣男”？

3. 冷暴力、不联系你的就是“渣男”？

4. 穷、丑、猥琐的，就是“渣男”？

这些是最常见的对“渣男”的指控。

但很有可能，这些“渣”，是因人而异的。

1. 他可能对你不好，但对另一个女人就非常好。

2. 他可能在跟你一起的时候，劈腿他人；但也说不定，他劈腿的那个人，正是他一生所爱，从此他就稳定下来了，人家一辈子相亲相爱。

3. 冷暴力、不联系你，是很糟糕；但根本原因，是他不喜欢你。他在等他喜欢的人。

4. 穷、丑，是硬件，可能相对你的条件来说，是这样的；但也许他换一个匹配的人，两人就正好是天作之合了。

5. 有些特质不一定是缺点，但也许正好你特别讨厌这种性格。

我的意思，不是说他就有多好，你说他“渣”是错误的。而是说，你碰到这种人已经让你不开心了，赶紧让他滚。

别阻碍他去找自己的幸福。

你不是上帝。宣判或控诉某个人的人品，不是你的职责和人生任务。管好自己更重要。

● “对我好”，最容易让人眼瞎

很多女性很容易败在“他对我好”这一条上面。但问题是，“对我好”，应该是一个必要条件，而不是充分条件——也就是说，对你不好，可以一票否决；但对你好，离他是一个合适的伴侣还差很远呢。

这里面，又有不同的可能。

一种情况是，他其实对你并不是真的好，但你的人生太缺爱了，所以连人家对你笑一下，给你一颗糖，你都觉得对你好。在那些已经交往的、已经结婚的女性身上，经常听到这样一句话：他虽然家暴/赌博/不工作/出轨，但他对我还挺好的。——会有这种奇怪的态度，分析起来也不奇怪：因为这些女性的原生家庭，对她的“好”，可能还不如她那家暴她的老公多。虽然男方也会给她带来痛苦，但她仍然眷恋那偶尔的甜。非常匮乏，非常可怜。

一种情况是，他能给你跑腿，他能对你说甜言蜜语，他愿意一直陪着你。这多见于经济条件很差、没有什么事业的情况下。因为对他来说，时间不值钱；对你的“好”没有成本，对你的殷勤也很廉价。

更可怕的一种情况是，因为女生的经济条件好，男性愿意用非常卑躬屈膝的方式来讨好女生，忍常人之不能忍。但这种“好”带有一定的欺骗和利用性质。不少特别有功利心的男性在迎娶白富美之后，会想办法把女方的家族资产也占为己有。

当然，肯定不是说，不要挑对你好的人。他对你好，喜欢你，这是必需的，没有这一条，后面就不必考虑了。但是，更重要的是：

他的人品如何，他的情绪是否稳定，他是否有上进心，他的性格是否是你欣赏的，你们在一起是平等的交流还是颐指气使的……

另外，动不动就下跪求爱、下跪求饶、你不答应就会自残的、用极端的方式来表达爱意的——这种人是会出人命的。不是对你好。

● 世上本没有“骗炮”

除了犯罪（未成年、下药、强迫等行为），今人不适用于“被骗失身”，被骗走了“贞操”。

“骗炮”现在经常听说。严格来说，意思是：他假装说喜欢我，假装说愿意结婚，但实际上并不喜欢我而是为了哄我上床，上完床之后就消失了或者不理我了。

这里最大的问题，不是说，你为什么没有分辨别人是不是真爱你的能力；而是：你作为一个成年人，你选择与别人上床，不是因为你喜欢他吗？

如果你喜欢他，与他上床，你也赚到了呀，谈什么骗呢？至于以后是否能在一起，那是双方选择的结果，人家没选择你而已，这是人生正常之路。

你也可能在上床之后不选择他。

如果你并不喜欢他，或者并不喜欢与他上床；仅仅因为他允诺了以后与你交往，你作为交换条件才与他上床，那么就奇怪了：

你都已经不喜欢跟他在一起了，对他没有“性趣”了，还准备跟他发展长期关系或结婚？想一辈子折磨自己吗？

这种自相矛盾的逻辑，其实是有原因的。

因为中国的社会非常重视性关系，而不重视婚姻伴侣。

尤其是女性，绝不能轻易与人发生性关系；但到了结婚年龄的话，相对随便地找个男人就可以结婚。这也是不断有“女人要降低条件，不要挑”之说的原因。

也因为如此，很多女性愿意与他人发生关系的前提，是要跟她结婚。她的性，是用来服务男人的，自己是没有知觉的。

简单地说：“骗炮”之所以存在，是因为女人被当作“客体”。

但是，不要以为，女性的“性自由”，意味着男性可以随意“约炮”，可以为所欲为。

因为，真正有了自主、自觉意识的女性，寻找合适的性伴侣，或者更深一层的男友、人生伴侣的时候，要求是非常高的。她将不会被社会传统和惯性所胁迫，而更多地寻找真正有男性魅力的伴侣。

而我们当今直男癌盛行的社会里，真正符合这种条件的男性，是凤毛麟角的。

男性会在这个过程当中，不断被淘汰。

女性都没有主体意识的时候，是男性在挑选女性。女性只能用性来讨好男人，希望能被挑中。

但当女性有主体意识的时候，是女性在挑选男性。女性可以按自己的感觉来挑选，她是主宰者。

● 如何破解

1. 选择伴侣时，越有“主体性意识”，就越不会太纠结于对方是不是“渣男”；就算是，又怎么样？随时离开，另起一行。

2. 不选不合适的人、看不上的人。也有能力随时走。

3. 不把自己放在被动位置，而当感情的主动者。

4. 试想想，男性会特别在意他交往的女友“是不是渣女”吗？他们会想出各种技巧来鉴定什么样的女人是“渣女”吗？不会。因为，这件事对他们来说并没有那么重要。他们没有那么强的受害感。他们直接换下一位好了。

5. 现代社会了，不应再持有“从一而终”这种观念了。

6. 简单来说，就是你会更在意“我喜欢谁”，而不是“谁喜欢我”。

识别出那些不适合你的人

● 适不适合，比爱不爱更重要

1. 你们的基本价值观没有很大差距

一个吃辣的一个吃甜的，问题不大；在美国，一个民主党一个共和党可能会有点问题，但也还能过；一个佛教徒一个党员，如果不是极其虔诚的原教旨，也没有问题。

不过，当一个信奉“人不为己天诛地灭”，另一个信奉“平平淡淡才是真”，这样就千万不要走在一起了。

三观严重不合的，不能要。

还有，不要跟一个双重标准的人在一起。你也不要成为那样的人。

2. 两人的性观念一致

你们可以都享受性，也可以都保守；极端一点的话，双方都不介意开放性关系都可以；只要双方能达成共识。

但仍有一个建议：对要求你是处女的男生，要非常警惕。即便你是处女，也要避免跟要求“女友必须是处女”的人交往。因为这种人其实喜欢交往“非处女”的女友，为的是打压她们，占据道德优势地位。

而他这么喜欢处女，会为处女付出什么额外的条件吗？不会。

电视剧《欢乐颂》里，应勤嫌弃邱莹莹是非处女，与她分手，找了一个处女女朋友，准备结婚了。但是，当女友要求有房有车时，应勤和他的家里不愿意了，还是重新找回非处女邱莹莹。

我对邱莹莹很担心。因为应勤这样的人，他不会认为自己错了，只是迫不得已才接受的。他打心眼儿里看不起自己选择的女友，他的接纳，只是为了以后能拿这个当借口凌驾于她之上。

就算你是处女，也只有一天是处女，不可能一辈子是处女；当你没有这个优势的时候，你就什么也不是了。

要求“女友必须是处女”的男性，最适合哪一种女性呢？喜欢去修补处女膜的，这种女孩跟他们才是绝配。

坚持只跟处女上床/只娶处女？——祝他的老婆一辈子都是处女。

3. 两人的金钱观念一致

他家婚前买房，你陪嫁装修、电器和车子？——他的脸这么大，一个房子都装不下吧？

因为你的装修、电器和车子，落地就贬值，你的付出归零。而他的房子离婚后还能带走。更不必说，现在的房价这么贵，有几个能在婚前付完全款？还不是得夫妻双方共同供楼？

具体的解决方案可能根据每个人的情况另说，但有一点：

如果男方或男方家庭，明确地想在经济方面占你或者你家的便宜，这婚不能结。

以后的隐患太多，甚至有必要的时候，对方可能瞒着你借下巨债，让你背锅。

4. 主动选择喜欢的人，你就有爱情的主动权

如前所说，“对你好”，仅仅是最低要求。对你好，是因为你优秀，而不是他优秀。

以前的“馊鸡汤”里，经常会有一种提问：“找一个你喜欢的人，不如找一个喜欢你的人”。理由是，喜欢你的人会对你好，而你喜欢的人未必会对你好。

按我说，这种被动的心态，是比较糟糕的。因为这是别人占了主动。你只能被动地等待、被动地接纳，你无法做主。

从数学的逻辑来说：你寻找你喜欢的人，不管对方是接受还是拒绝，你的选择范围，都是你自己最喜欢的人。

而你等待着从追求你的、喜欢你的人当中选，那么，你的选择范围就是那一部分追求者；你真正喜欢的人，或者喜欢的类型如果不在这些追求者当中呢？如果你的选择只是“矮人里面挑高佬”呢？

谁的选择范围更广，选项更优质，不言而喻。

所以，男性社会里，男性擅长于主动出击、主动选择他们喜欢的人；所以他们敢于追求女神；就算失败了，他们又有什么损失呢？万一对方眼瞎了、成功了呢？

而被压抑的、被选择的女性，只能从追求者当中选，她们的视野严重受限；所以天鹅接受了癞蛤蟆也很常见。

在这一点上，女性也要向男性学习，更主动，就有更多的可能。等着别人对你好，是不够的。

而且，一个被动的女性，人生难免处处被动，择偶时被动，婚姻

被动，你的生活路径就是看别人的指引。

● 讨好型人格，让人自卑

2018年3月，《奇葩大会》第二季当中，知名作家蒋方舟一段关于“讨好型人格”的分享引发网友热议。原来，这位姑娘在7岁写作、9岁出书、22岁当上副主编的少年天才的光环之下，最大“弱点”是讨好型人格。从年少成名到如今，因为成长环境，她有意无意地迎合大人，不仅不敢与人起冲突、工作中遇到不认可的人或事甚至只会恭维，28岁那年终于首次开骂某位老师，才获得内心的释放。

1. 什么是讨好型人格

知乎上的心理咨询师风墟提供的答案是：

● 讨好型的人必备的一个特质就是敏感。

● 他们的心思非常细腻，超乎常人，这种对于别人感受与想法的洞察力似乎是他们与生俱来的天赋。

● 他们总能十分敏锐地觉察到别人的需求，随时都准备并能够无条件地去满足对方。

● 他们总是非常无私，几乎难以拒绝任何人的请求。即便是一些无礼的、过分的要求，他们也根本难以反驳。“委屈自己，成全别人”这种事情经常在他们身上发生。

●“讨好者们”似乎是没有需求的人。他们几乎从来不会提出自己对别人的期望、要求、喜好，或不赞成。他们好像也从没有什么想要的东西。

● 他们非常过度地害怕和别人起冲突。他们总会本能地避免一切可能会引起和别人发生争吵的事情，会本能地逃避和别人的冲突，和别人的竞争。

● 即便是和别人起了冲突，他们绝对会是最先道歉的那一个。他们似乎根本不知道该怎样生气，在和别人起冲突时非常轻易地就会妥协。

● 即便是别人的过错，他们也会向别人道歉。哦，说到这里又引申出了另一点——讨好者不知道“是不是别人的错，自己‘该不该’生气”。

● 讨好者每时每刻都试图去营造一种“很温馨，很和谐”的气氛。

● 最根本的原因在于：讨好者们对于安全感、别人的爱、别人的关注有着超乎寻常的渴望。

据我观察，中国女性在大环境之下，容易养成讨好型人格。

当然，这并不绝对。而且，某个人是否是讨好型人格，恐怕连他自己也未必能准确地辨认出来，目前也没有这方面的统计。

只不过，当下的社会仍然深受传统文化的影响，很多父母都是一种不自觉的重男轻女的文化传播者，免不了对女孩的打压，从小就教育她们，要乖、要顺从、要淑女、要谦虚，不要主动，不要咄咄逼人，不要有攻击性，凡事自我检讨……

对女性的服从性的要求明显比对男性更多。

这种环境下训导出来的女孩，就像是为服从别人而存在的。她的自我，要缩小又缩小，最好不存在，生怕她的存在干扰了别人。

我自己就是很明显的讨好型人格。也就是近些年来，才稍微好一点。

这种性格在感情当中，就会很吃亏。

2. 为什么不能当“讨好者”

如果你总是迁就另一半的各种要求，还要担心对方觉得你不够好；却来不及考虑，他这样，对我是不是足够好，那么，很可能，你在感情当中，就是一个讨好者（People-Pleaser）。

这种“讨好型人格”，与“待人和善”“关心他人”不一样。因为后者首先是能安排好自己的生活，管理好自己的情绪的，他们在关心别人的感受的时候，自己是愉快的。而“讨好型人格”，则是极大地隐藏甚至忽视了自己的喜好、感受或观点，为了讨好他人，怕别人不开心、生怕不能满足别人。付出是被动的。

但这种“讨好者”，最终还是需要用别的方式去索要情感的回报的。

有的，是对来自他人的赞赏和认可成瘾；当讨好无法得到期待中的赞赏和认可时，他们可能会进入被动攻击的状态；有的，也可能继续更加用力地讨好，表现出无法掩饰的虚伪。

举个例子。当一个人自我充当“圣母”的角色，任劳任怨，承担了家里的几乎全部家务的时候，总觉得别人家务做得没她好、一定要亲力亲为的时候，这种压力到了一定程度，就开始了抱怨，开始哀叹为什么没有人理解她没有人关心她；等你不好意思想去接手她的工作了，她又觉得你做不好，你是不是不信任她……

虽然男女皆有可能成为这种“讨好型人格”，但女性更普遍。因为她们被确认的社会职责，比如，母亲、妻子，就是服务型的，就是建立在他人的评价之上的。

这样的女性，一般都是“人渣吸铁石”，吸引来的，都是不尊重女人、不尊重她的人。因为她没有自我，任人蹂躏，还担心自己不够讨好他人。

3. 不要怕得罪别人，不必总是自我检讨

这种“讨好型人格”，很容易让别人感知到。如果有一些不善良的人，他们就敢蹬鼻子上脸来霸凌你，因为知道你不仅不敢言，连“怒”都不敢。

如果感觉到这种性格带来的问题已让你产生了困惑，最佳办法是看心理医生。

但我们这个社会还是很不习惯看心理医生。如果意识到这个问题，渴望改变，也是可以自我调节的。

解决“讨好型人格”的终极办法，是自我确认（Self-validating）。讨好者最终需要做到的，是能够摆脱对于来自他人的赞赏和认可的依赖，自主确认自我的价值和需求。

（1）时刻记住“我本位”。只要不影响他人，你按自己的选择。

（2）你，并没有那么重要。别人的情绪不好，不见得跟你有关，你不必自我检讨；别人的问题，并不需要你牺牲自己来满足和解决。那是他的事。

（3）学会拒绝。帮忙他人，首先是你自己能安排好自己的事、不影响你的心情，而且，帮助他人能让你心情愉悦。如果帮助他人让你为难，就拒绝，这不是你的责任。

（4）不要太苛求细节。对外界的反应没必要那么敏感。不完美就不完美，没必要成为自己沉重的心理负担。

（5）不要怕得罪别人。这是“讨好型人格”内心最深的黑洞。特别怕别人降低对自己的评价，哪怕明明是对方不占理，也不敢有微辞。希望每个人都喜欢自己、希望“以德服人”是这类人的愿望。但其实是不可能的，只能带给自己深深的失望。

（6）治愈方法之一，就是像蒋方舟一样，终于敢跟别人拍案而起了。我的治愈方法，也是开始敢于争论，敢于得罪人。反正那些不顾及你感受、不讲公平不讲理的人也不是什么好人，得罪了也就得罪了。你做得再完美，他也不在乎得罪你，还敢蹬鼻子上脸呢。

● 警惕恋爱关系中的操纵者

很多女性，在恋爱关系当中，最痛恨的是对方出轨。实际上，感情当中，出轨并不是对方伤害你最重的一种，很多方式比出轨可怕得多。出轨了，只是代表你们的感情有问题，或者必须分手了；而很多种伤害，是对你的身体、人格都造成伤害的。

比如，家暴，或者半强迫的性行为，让你多次流产，这是严重伤害身体的。

而骗钱，贬低你，打压你，操纵你，有强烈的控制欲和占有欲，让你怀疑人生，无法有正确的自我认识，心理防线被摧毁，则是严重伤害你的人格和精神。

一旦发现对方有这种倾向，就应该马上分手，马上止损。

这里着重谈谈第二种，男性是怎么操纵女性的。

一般，在关系中常见的有几种操纵策略：

1. 取悦：先是讨好对方，表现出爱和浪漫，反复确认一个信息：我做的一切都是为了你，只要你听我的，我就给你一点好处。

2. 冷战：忽冷忽热，通过对她的冷漠，让她有不确定、不自信的感受，并产生恐惧。

3. 强迫：除非对方像他希望的那样去做，否则就做出更极端的行为，比如自残、自杀等。

4. 游说：为了劝对方做一件事而列出种种理由：你应该听我的，我说了才算，你不能按你的方式去做。

5. 自贬：做出那种忽然主动下跪、扇自己耳光、自残等举动，实际上就是强迫你答应他。

这些策略是交错使用的，未必都是暴力，但一般都会让你痛苦、怀疑自己，觉得自己不知道错在哪里了。

结果一：你丧失了自信，缺乏判断力。

结果二：你们的关系，由对方单方面约束和界定；你被牵着鼻子走。

结果三：被家暴的风险很大。

结果四：很可能你的社会关系和亲人朋友圈子都被他隔绝了，你只能听他的，否则后果严重……

只要一意识到他在“操控”你，你在这种关系当中不舒服，就赶紧离开。你不可能扭转一段想操控你的关系。

但另一方面，女性也很有可能成为操控者，通过自残或者其他方式来控制对方。

这种控制欲和占有欲极强的行为，只会导致两败俱伤，非常不可取。

还是要努力构建平等、健康、轻松的关系。

● 警惕浪漫化暴力，小心“霸道总裁”

1. 斯德哥尔摩综合征：对霸道总裁的偏爱

影视作品中常常浪漫化的“霸道总裁”，往往有stalker、霸凌、性骚扰，甚至强暴的行为存在，却被美化。

这种错误的示范的倾向，导致女性在社会生活中会把虐待看作常态并产生共情。有时所谓的“浪漫”实际上是尾随和控制的行为。畅销小说与改编的电影《五十度灰》就是这种思路的一个例子，男主角开始的时候让女主角接受一些她不情愿的性行为方式。

而中国的电影和电视剧同样有很多类似情况，比如《何以笙箫默》里，男主角经常在追求女主角的时候，强行把她按在墙上强吻，美其名曰“壁咚”，还引起观众，尤其女观众们大呼“好甜”“发狗粮”！

韩国的影视剧也如此。韩国媒体曾发文痛批韩剧中那些强吻、拉拽、“壁咚”的情节，表示这些行为并不浪漫，反而麻木了观众对性犯罪的认识，甚至助长了韩国社会性骚扰犯罪的蔓延。中国的主流媒体也对此观点表示认同，并提醒大家不要模仿韩剧中的这些行为。

这些故事所延续的危险神话会让男性和女性无法理解“真爱”和性骚扰、性侵的区别。这是很危险的。

2. 不要把死缠烂打当作爱，更要警惕马路求爱

包括马路求爱、单方面的穷追猛打、死缠烂打、不合时宜的恭维。

八十年代时曾流行过马路求爱。那是那个时代刚刚改革开放，在没有经验的情况下，全社会对“恋爱自由”的一种误解。但如今，再有“马路求爱”，就是妥妥的性骚扰了。正常人是很难接受的。

这种喜欢的标志性行为是：打电话不出声，跑到你楼下等，每天半夜毫无铺垫给你发信息说“晚安”，你已拒绝了仍然不停给你送花、送礼物，向周围的人传达一个“你是我的”的错误信息，等等。

这些无法令人对其产生好感，相反，正常人还会对这种“骚扰式喜欢”十分反感和讨厌，会把这样的人拉进黑名单里。不仅如此，可能人们还要小心对方变成跟踪狂，以及可能有后续的伤害。注意观察，有必要时报警。

“骚扰式喜欢”不是喜欢，更不是爱。因为这种方式丝毫不尊重对方的感受。对于没有经过你的同意，便刻意在公众面前向你求爱的人，要有所警惕。他是在借公众舆论来胁迫你。

而且，这种骚扰者或死缠烂打者，你也不应该接受。他的出发点就

是占有欲和控制欲。意味着他会有暴力行为，不管是对你还是对自己。

3. 小心 stalker

stalker 就是跟踪者。他既可能是你的熟人，也可能是陌生人，但还是以熟人为主。记得必要时报警，并且告知周围的人，尽可能让别人都对他有所警惕，增加安全性。

此外，不要轻易地把某位朋友（尤其是女性）的具体地址，在不经过她同意的情况下，告诉第三方。类似这样的新闻出过好几次，比如，某男表达对逃离的前女友的思念，女孩的熟人把她的新地址告诉该男性，结果这位男性就去把前女友杀了。

也许你的“好意”，会害死一位无辜的、刚刚脱离苦海的姑娘。

● 如何破解

1. 不要被“骚扰式喜欢”所迷惑。并不是对方越极端，越死缠烂打，就越爱你；对方越偏执，你越危险。

2. 被一个心智不够正常的人看中，并不是你的魅力，而是你的危险。

3. 那些过于疯狂的、过于热烈的、爱到你死我活的，不仅违背了爱情本意，还有可能伴随着生命危险。

4. 人品好，比对你好更重要。

5. 情绪稳定，是一个宝贵的品质。

6. 恋爱应该是两人平等的。一方尊、另一方卑，不可取（哪怕尊的那方是你，也不可取）。

不占别人便宜，也不被别人占便宜。

• Part5 • 恋爱与性：你像他一样爱自己的身体吗？

女性要意识到自己的欲望也是非常重要的。做你渴望做的事情，而不是“可以接受”的事情。因此，如果你并不为此感到兴奋，那么就大胆说No，并且你是可以随心改变主意的。

女生必须懂“性”

● 都什么年代了，还在“谈性色变”？

你相信吗？都到二十一世纪了，还真有男女大学生毕业结婚数年后仍然生不出来孩子，一查，原来女生还是处女，两人连性关系如何发生都不懂！

当然，这是极端的个案。

但请问一下，你知道自己的性敏感带吗？你知道什么样的方式最令你兴奋吗？你了解你的性伴侣的性敏感带吗？知道怎么刺激它们吗？

如果你是女性，你获得高潮的频率如何？你知道如何达到吗？知道怎么诱导伴侣吗？你有过什么特殊有趣的性爱体验？

后面这些问题，能回答出来的，却很少。

这些是生理上的“性”。

而价值观上的“性”，问题就更大了。

由于女性与异性发生性关系有可能导致怀孕，无防护的性关系对女性的身体和心理的伤害都非常大。

我们的传统文化对女性的身体和自由进行了严密的控制，并且灌输了几千年“女性要守贞洁”的观念。如果说得更直白一些，社会把女性的身体视为她的丈夫的财产和所有物，女性有责任为丈夫（或以后的丈夫）保护贞节，保护其财产的完整。

这也就是为什么女性一旦被性侵或伤害，大家都会指责这个女人，就是因为觉得她没能好好替男人保管好男人的财产，她无法赔偿她丈夫（或以后的丈夫）的损失了。

直到今天，贞节观仍然在折磨着很多女性。

在性观念上，女性仍然不能做到与男性平等。

她们不自觉地把“性”作为一种礼物和馈赠，用来取悦男人，或者换取结婚。

但她们无法轻松地享受性。

- **恋爱中的“性”，是一种许可权。**

做你渴望做的事情，而不是你“可以接受”的事情。

这个社会的规则说：男人是有欲望的，而且男人的欲望是无法控制的，他们总是时刻希望侵犯女性。

女人是没有欲望的。她需要做的，是在结婚前避免被男人侵犯，好把自己的身体“完完整整”地献给丈夫。

不过，现在的规则略有变通了。对“处女”的执着，虽然还在部分人身上存在，但已不是占绝对优势的主流观念了。潜在的观念则是：当一个男人表现出对你的感情、答应跟你长期交往，甚至表达出愿意跟你结婚的愿望之后，他对“性”的要求就非常合理了，你应当用“性”来报答他，你有义务满足他。

很多女性也是这么做的。

她们总是在妥协，做一些自己并不渴望的事情。

很多女性的期望并不高，觉得能够接受的状态就是最好的状态了，常常将就别人的要求，这样的情况会让女性陷入一个不平等的“交换”，并且让真心的同意变得很模糊。

她虽然也喜欢男友，但很可能，她在那一刻，对“性”并没有兴趣，只是为了不惹男友不满，才答应“献身”的。

● 性、恋爱、婚姻，是三件不同的事

从逻辑上来说，性 < 恋爱 < 婚姻。

这是什么意思呢？这是从关系的亲疏而言的。性关系是建立在相对平等的“两情相悦”之上，它不需要有更多的承诺，只要单身，大家都有好感，并且都互有性吸引力就可以了。

而恋爱，则是互相承认了对方的唯一性，他们有义务保持情感的单一。而且，都投入了感情。

而婚姻，更是恋爱的最高形式，不仅有合适的性，有深厚的感情，并且，大家是在经济上、人生规划上、价值观上、对子女的抚养问题上达到高度的一致，才结婚的。

越重要、越紧密的关系，需要满足越多的要件。

但在中国社会的传统认知里，非常荒唐：婚姻是最随便的。到了年龄就要结婚，要求年轻人“别挑了，随便找一个，爸妈想抱孙子了”。

中学阶段，甚至大学阶段，怕影响学习，坚决不让孩子谈恋爱；但一到大学毕业，马上就要结婚，否则就会成“剩女”了，就担心嫁不出去了。

性教育课本被取缔，对十多岁的中学生，谈性色变，怕性教育带坏孩子。但随便哪个三姑六婆或普通同事、路人，都能催你生孩子，关心你的性生活……

这种自相矛盾的结果，让太多人无所适从，糊里糊涂地过日子，而且自己糊涂了还敢指导别人过日子。

所以中国人的婚姻，有很大概率是不幸的。

● **如何破解**

1. 再次强调：女性要注意“我本位”。

女性要意识到自己的欲望也是非常重要的。做你渴望做的事情，而不是“可以接受”的事情。

因此，如果你并不为此感到兴奋，那么就大胆说 No，并且你是可以随心改变你的主意的。

2. 如果你并不能很开心地答应，那就拒绝！

3. 与伴侣多沟通，多表达你的真实感受。也试着更多地去了解对方。

4. 忘记那些沉闷的道德观吧，不要担心你对“性”有兴趣会被视为荡妇。

5. 学习调情，学习各种性暗示，以及各种催情方式。

6. 学习的目的不仅是满足对方，还能让你慢慢放松下来，感受性的美妙，最终，你能在性关系上得到享受。

7. 当然，一切的开始，你需要找一个能平等跟你分享和沟通，有契合度的性伴侣。至于是否是结婚对象，未必。

这不仅仅是为了让性生活更美好，在性生活的过程里，确保双方达成一致是非常重要的事情。

关于性，你都理解错了！

● 错误观念一：不以结婚为目的的谈恋爱就是耍流氓

这种说法是不对的。为什么呢？这就变成了：只有决定结婚了，才有开始互相了解的必要。这不是胡扯吗？恋爱非常慎重，婚姻倒是很随便，能在没有开始一段关系之前就做好了决定。

也不想想，分手容易，还是离婚容易？

说“耍流氓”的，一般是女性指责男性。因为女性认为，男性必须跟自己结婚，才能与他交往和熟悉。不答应跟自己结婚的人，就没必要认识了。

万一女方自己发现不合适呢？为了怕自己耍流氓而不分开吗？

● 错误观念二：这个男人不准备跟我结婚或长期交往，我就不会跟他上床

这句话的问题就是：性，是你的嫁妆，是你的馈赠，你送给未来男人的；你既不需要性，也不喜欢性。

但你喜欢结婚；所以为了结婚，你只能用性来换取婚姻。

我看了都替女性心疼。现实中又有几个男人是给你送金山银山的，值得你受这种委屈？

恩格斯说的“婚姻就是长期的卖淫”，真是特别适合送给这种

“贞洁”的女人。

而且还不收钱，另外附加多种服务的。

● 错误观念三：处女膜是女人最好的嫁妆

“处女膜是女人最好的嫁妆。”上海一档家庭调解节目里柏阿姨说的话，至今仍然引起很多人的共鸣，赞同者有男也有女。

现在的说法已经被修饰过了：处女，重要的不是那层膜，而是通过这个来测试女人是否自重。怎么能娶一个不自重的女人呢？

我来说几点吧：第一，处女膜是否还在，现代不去医院检查不出来了，用落红来测试“处女”与否行不通了。古代，落红是因为新娘一般十四五岁、身体发育未完全，被强行弄出血的。而现在，二十多岁之后的女生身体发育完整了，处女不出血是很普通的；还有，现代女生的运动量比古代多好几百倍，处女膜破裂太正常了。

而且，古代新娘十四五岁结婚，是处女当然很正常；可现在二十七八岁的人了，还要求她是处女，这不脑子进水吗？这个年龄，古代都可以当奶奶了。

而且，他们说不是处女不值钱，有没有跟你说，你是处女就值钱了，他就给你五百万了？

不会的，仍然会说你拜金。讲真，在纠结于处女与否这样的问题的男人眼里，所有的雌性生物都不值钱。你又不可能一辈子当处女。

还有一个问题；就我所知，有些聪明的女生，她们生理意义上或许还保留着处女膜，但她们同样有很丰富的性行为，用嘴或者用手以及更夸张的其他方式，来满足男人；她们的性能力和性经验一点也不弱。

但碰到可结婚的对象时，她们可以摇身一变就成为处女了。淘宝上的处女膜，又便宜，用户又满意，还有人反复购买呢。

● 错误观念四：别去关心“性”这个问题

相信除了个别的协议假结婚，或者极罕见的“无性恋”之外，人们都会说，婚姻里是必须有“性”的。

如果你保持处女之身，对性一无所知，结婚后发现对方性功能有问题怎么办？

发现两人的性完全不能协调怎么办？

是忍一辈子呢（可能要忍五六十年），还是离婚？

而且，就算你能忍，对方未必愿意忍呢。性功能有问题的人，出轨或嫖娼的意愿一点儿也不比正常人少。2010 年一桩轰动一时的“宋山木”性侵案，宋山木虽然有性功能障碍，不举，却多次强奸女下属。

有些人的逻辑是，他想证明，不是他“不行”，而是你太丑。

婚前竭力保持“处女身”，为了证明自己的“纯洁”而刻意回避“性”，结果就会由简单的分手，变成拖累终身的问题。

甚至，如果不育，男方还要求女方背锅，让你承受所有的骂名。

● 错误观念五：我不想要，可是男友说，我不给他就是不爱他。我只能满足他

没错，你不想，其实你并不那么爱他，你真的不爱他，你的身体很诚实地告诉了你。

但你怯懦胆小，辜负和背叛了你的身体。

你以为自己爱他、不舍得他走；仅仅是你被他所胁迫了，你害怕“被抛弃”和“没人要”这些标签。

讲真，如果你的感觉很不情愿，你就是应该拒绝。他再要求，你就明确说，你说得很对，我才知道我确实不够爱你。

违背你的意愿，给你扣帽子——这样不尊重你的男人，一定会有很多借口离开你的，一定会坑你的，早分早好。

● 错误观念六：他说他不喜欢戴套，我只好满足他

这个，如果你一直在吃药，而且对他的生殖系统卫生和健康十分有信心，勉强说得过去……算了，我还是不能同意。别说是男女朋友，就算是夫妻，也不能接受无护卫性行为。

戴套，他的损失是，丧失一些极为微小的性快感；

不戴套，你的损失是，感染性病（包括艾滋）的风险，感染生殖器官病症的风险，怀孕的风险；后者，更要你付出人流手术的风险。

不要相信“无痛人流”，人流很发达，很轻松。它同样是对身体重大的挫伤，有可能导致你终身不育。每个人的身体情况不一样，运气不好的话，甚至会有严重的危险，包括摘除子宫等。

为了他的一分利益，要你担承一万倍的风险，这么自私的人，你还敢留着，还怕失去他，你到底是没有自尊到什么程度呢？

● 错误观念七：我要找一个爱我的，而不是我爱的人结婚

现在的一辈子那么久，你怎么伪装六十年都和一个你看着都亲不下嘴的人共度一生？能跟一个恶心的人保持亲密五六十年？

还有，人心都是肉长的，没有谁蠢若木鸡，你不爱他，他很快就能感受到；就算当时他为激情昏了头娶你，但没有人，尤其是资源比你丰富、比你强大的人愿意跟一个不爱自己的人过一辈子的。

不管怎么样，要找一个你愿意睡他、他也愿意睡你的人结婚。他单方面地对你好，肯定也可以单方面收回。

你的人生，不是为了讨人喜欢，而是要让自己开心。

● 错误观念八：女人太容易得到，男人就不会珍惜

你又不是一件东西，你为什么会被人“得到”？没长腿吗？

核心是你找你喜欢的人，而不是想着怎么才能被别人挑选。别人拿到一件货物，珍不珍惜，人家看心情，你作为一个“货”，哪有讨价还价的机会？

实际上，正常男性愿意追求女性，但不会死缠烂打，如果你一再不接受示好，他们会转身就走。他们是非常功利、非常现实的。我不去下判断这样对不对，但这是社会常态。

而那些能够在你一再拒绝之后还对你纠缠不休的人，他们这样做

不是因为特别爱你，而是因为偏执型人格。他们很危险。

我的结论，并不是“什么样的女人才会被男人珍惜”，而是，“你应该选择哪种男人、又应该坚决远离哪种男人”，你才是主体，而不是被挑的。

至于你说男人也不想被挑啊；但一直以来，不都是男性挑选女性吗？他们根本不需要教；但女性，这种功能被扭曲的社会教化了，会做出一些明显有违女性自己的利益，而服从于男性利益的事。这是一种把女性视为附庸的传统。

● 如何破解

1. 性不可耻，性不可耻，性不可耻！重要的事情说三遍。

2. 只有用“性”才能挽留的男人，留不住，没价值；

3. 要求你必须是处女的男人，即便你是处女，你也要小心，他爱的不是你，而是淘宝上能买到的膜。

4. 男人会为自己想方设法从性里找到快乐，那么，女人也能。女人要做的，并不是让男人从性里找到快乐，而是让自己从性里找到快乐。

5. 性是享受，而不是服务。

6. 注意安全，不要怀孕，不要得病。

我们欠缺“约会文化”

● 恋爱多久上床最合适

我记得以前美国的HBO电视剧《老友记》里瑞秋说，（在美国）约会三周左右上床，是一个比较合适的时间。

这个意思是，约会时间太短、大家了解还不够，也还不够亲昵；约会时间太长了却还不能裸裎相见，说明大家没有激情，顶多就是好朋友，而不再会是男女朋友。

在中国的大城市，我以前的理解是，约会三个月，又确实两情相悦的，这时候上床比较合适。

不过，现在我不这么想了。这个问题太因人而异、因地而异了。

最关键的是，你首先还能让中国的年轻人了解，啥叫“约会”，约会文化是怎么一回事。

1. 答应吃饭，等于答应上床吗?

谈这个话题之前，我想到另一个问题。有一位著名作家兼赛车手，他的一个理论就是：如果我能把一个女人单独约出来吃饭，就意味着她愿意跟我上床了。大家可以在心里默默地举手，你是不是也这么想的?

这位作家是一个晚期直男癌患者。我们来探讨一下：女性答应与你单独吃饭，意味着答应与你上床吗?

这种想法相当可怕。

如果她答应了与你单独吃饭，但又不想跟你上床，按你的理论，你认为她已经准许了，难道还能强奸她吗？

或者按直男癌们的看法：不想跟我上床，为什么还愿意跟我吃饭？

他们认为这样的女人，随随便便就跟别人吃饭，真是婊子！

按他们的逻辑一想就觉得非常荒唐：如果说女生谨慎一点，就变成了"随便""婊子"；难道一个女人跟一个男人根本不熟，连饭都没有吃过的时候，就已决定跟他发生性关系，反而"不随便"、是"白莲花"？

之所以会自相矛盾，是因为他们眼中，男性是对性关系有说一不二的话事权的；女人不该有自己的感受和态度。他们认为，请女生吃一顿饭，就必须用发生性关系来换回；送一次花、请一杯奶茶，只要你喝了，你就是答应恋爱、答应结婚了；否则你就必须接受道德的审判。

他们不仅把女性当作商品、货物，而且还是特别廉价的商品和货物。你不想按他的标价来献身，他就会非常愤怒，觉得你骗了他的奶茶钱。

必须停止这种评判标准了。

再次重申：发生性关系与否，女性的感受和态度是第一位的。她的身体她做主。除此之外，不必接受胁迫。

2. 中国人为什么都是结婚之后才开始恋爱?

中国的传统文化根深蒂固，也没有正确引导，普通人的婚姻常陷入误区。“处对象”、相亲，“先结婚后恋爱”，是中年以上的那一代人特别常见的婚姻状态。

这是什么意思呢？就是，不少从来没有恋爱过的人，经人介绍，条件合适就结婚了。

问题是，他们虽然在一段没有什么感情的婚姻里共同生活并生了孩子，但与古代所有人的婚姻都是包办婚姻、一切都是理所当然不一样，他们生活在一个提倡自由恋爱的年代里。这种冲突是很难受的。但他们也不太可能离婚，没胆量，没准备。

他们没有好好地经历约会、上床、确认关系、订婚、结婚的过程；第一步，经过条件匹配度的“数据分析”之后，马上就去领结婚证了。

我们太欠缺“约会文化”了。

3. 约会（dating），意味着什么?

看过《欲望都市》的人也许有印象，其中有一集，Mr. Big跟别人介绍Carrie说“This is my girlfriend”（这是我的女朋友），Carrie很感动——那时候，他们已经dating很久了，也就是在一起上床很久了，但是Big始终没有用过“girlfriend”这个词来形容Carrie，而一旦一个男人不再用“date”而用“girlfriend”来指称一个女人，这时候她的地位才算升级了，交椅才算坐稳了。

男女关系的进展是：认识——一起吃饭、逛街、看电影（这叫约会）—上床—终于承认是男女朋友（表白爱情，有忠诚义务）—订婚—结婚。

但中国即便进入现代社会里，传统认可的也是：认识—表白爱情—承诺结婚——起吃饭看电影—结婚—上床。

你们想想爸妈们认可的主流观念是不是这样的？

但没有性的冲动，这个爱情的到来很奇怪；没有足够的约会和了解，就能保证长期交往也很奇怪；性很谨慎，结婚却很随便，见了一个男人就要求对方答应结婚才能亲亲抱抱，很奇怪。

● 如何破解

有三点至关重要：

1. 做好安全措施，不要得病、不要怀孕。

2. 你是因为喜欢性，喜欢对方，才接受性；而不是因为性可以捆绑对方进入婚姻。否则是对你自己不敬，视婚姻为儿戏。

3. 一般情况下，不是很建议拍裸照或性爱视频。风险太大。一是手机等工具泄密渠道太多，容易被黑进去；二是很难保证对方一定不会用来胁迫你，连很多名媛或者很牛的人，都曾经碰到过这种风险。

中国式婚姻中堪忧的“性”

● 让杜蕾斯告诉你，中国夫妻的性生活状况如何

虽然现在在城市里，已经有不少年轻女性对“性”不再完全羞于启齿了，明白“性”在婚姻当中的不可或缺，但在婚姻当中的“性”，仍然未能让人十分满意。

中国人的性生活状况如何？不同年龄段、不同学历有不同吗？

这里推荐一下杜蕾斯（Durex）安全套生产商的全球性生活调查。自20世纪90年代开始，杜蕾斯进行了全球范围内的性生活调查，每年都会发布过去一年的性生活报告。目前，该调查报告已具有学术价值，其数据也成为两性健康专家和政治家的参考资料。

下面是2017年的一些数据。杜蕾斯全球性生活调查涉及28个国家和地区，其中包括印度、日本、中国，一共对18500个成年人(16岁至55岁）做了调查，男女各一半。

调查结果显示：

1. 年平均做爱次数。最低的是亚洲人，其中做爱次数最少的是日本人（36次），其次是中国香港人（63次）和中国台湾人（65次），再次是中国大陆居民（72次），印度人比中国人略强一点（76次）。若将香港、台湾和大陆综合起来，则中国人的年平均做爱次数在全球倒数第二，仅比日本人略强一点而已。

2. 初次性关系。全球少年人“初夜”平均年龄在 18 岁。美国最早，平均在 16 岁第一次做爱；其次是德国人，16.6 岁，再次是法国人，16.7 岁。中国平均要到 22 岁才初试“云雨”，比美国少男少女要晚 6 岁。

3. 性伴侣数量。全世界人均性伴侣为 7.7 人，而美国人的性伴侣比世界其他国家的人要多一倍，达到人均性伴侣 14.3 人。法国人均性伴侣 13.2 人，澳大利亚 11 人，加拿大 10.6 人，土耳其 10.5 人。中国人平均性伴侣只有 2.1 人。

4. 只有 54% 的人害怕得艾滋病或性病，有 46% 的人宣称不会染上或不太在乎。而最害怕得艾滋病的是土耳其人（98% 表示担心），其次是尼日利亚人（95% 表示担心）；最不怕得艾滋病的人是波兰人和法国人。

5. 使用安全套除了防止艾滋病或性病外，仍有 40% 的人用于避孕，使用避孕药丸的人还是较少，只占 19%。

以上只是部分数据。总体而言，在全球范围内，中国属于性生活不活跃、性能力不突出、性教育较晚、性意识比较混沌的状态。

● 低欲望时代来临

据民政局的统计，中国的适龄单身人口已经达到 2 亿多，是俄罗斯和德国人口的总和。要注意，这里所说的单身人口，指的是成年适婚人口，并不包括未成年人。其实早在 2015 年，中国的单身人口就已经达到 2 亿了。

单身虽然很可能不生育，但未必没有性生活啊。有个笑话说，现在的人，单身的人都有性生活，结婚的人没有性生活。

这话很可能是有道理的。早在几年前，中国人民大学性社会学研究所潘绥铭教授，曾带领 36 名研究员，历时一年，进行了一次全国范围的随机抽样调查。结果显示：28.7% 的人正在经历无性婚姻，更可怕的是，中国男人到 37 岁就只能保持每年一次的性能力。

《中国妇女报》发表文章称，“我国年过四十的夫妻一半或为无性婚姻”。中国性学会副理事长马晓年教授说：“我国的中年夫妻，可能有一半都处于无性婚姻的状态。”他表示，有抽样调查显示，六成的离婚都和性有关。

看完这个，是不是很焦虑？目前来看，中国跟日本的“低欲望”有越来越多相似之处了。日本家庭计划协会 2011 年的一项调查显示，16—24 岁的女性中，有 45% 的人对性没有什么兴趣；男性这边比例稍低，但也超过 25%。 2016 年的调查结果更惊人，发现超过三分之一的日本人在 30 岁之前都没有过性经历。其中 18—34 岁的年轻群体中，31% 的人说他们还是处男 / 处女。在 18—49 岁的人中，有 49.3% 在过去一个月里没有性生活。而这个数字在两年前只有 10%。

不想结婚、不想恋爱、对性生活不感兴趣更不想生孩子的日本人，老龄化越来越严重。从人口模型来说，500 年后，日本将会因为无人生育而灭绝。

而中国，目前的生育率也是全世界最低的几个国家之一。放开二孩、三孩也没有用。

● 看这份“性福指数”，中国女性对性生活满意吗？

中国人口协会、中国妇女儿童事业发展中心共同发布《中国女性性福指数调查报告》，共收到有效答卷 26532 份，调查结果如下：

1. 女性对性生活的满意程度调查：17% 的女性“不满意”，12%“不太满意”，39% 的女性“一般”，“比较满意”的占 18%。“很满意”的仅占 14%。

2. 性生活对工作、生活和家庭的影响程度：52.7% 的女性认为“比较大”，11.2% 认为“非常大”，只有 10.6% 和 12.4% 的女性认为“没有影响”或“不能确定”。而认为“不太大”者则占 13.1%。

3. 受访者月均性生活次数：“1—5 次”者占 52.3%，“6—10 次”者占 41.7%，10 次以上者占 6%。

4. 女性性伴侣的数量：“只有过一个”的为 62.8%，29.1% 的女性有“2—3 个”，9.1% 的有“3 个以上”。

5. 性生活达到性高潮的比例：“几乎总有”者仅为 7.6%，“经常有”者为 37.1%，“偶尔有”者占 41.4%，“没有”者为 13.9%。

6. 主动还是被动：只有 5.2% 的女性表示会“主动”，45.7% 的女性往往比较“被动”。49.1% 的女性表示“主动被动各一半”。

7. 给受访者带来性高潮的最关键因素：71.2% 的女性表示“感情亲密”最重要。另有 22.3% 的女性表示“性爱技巧”至关重要。

8. 女性的性安全意识：86.2% 的女性都认识到避孕套等安全套具有“避孕”和“防止性病、艾滋病”的功能，但仍有 32.8% 的女性做过“1 次流产”，18.6% 的女性做过“2 次或以上”流产。

9. 对“性欲低下”怎么看：23.2% 的受访者认为是“夫妻感情问题”，26.1% 认为是“心理问题”，13.8% 认为是“内分泌问题”，10.7% 认为是“体质问题”，11.2% 认为是“妇科类疾病引起的”，7.9% 认为“可以去看医生”，4.2% 认为是“正常现象，不用担心”，另有 2.9% 认为“这辈子完了”或“多吃点补品就可以了”。

总体而言，中国女性对性生活是比较不满意，或者说是“相当不满意”的。而且，她们获得性高潮比例非常低，性生活次数很少，性经验很少，主动程度很少；而做过“流产”的女性比例很高。（实际上其他数据表明，全国范围内，做过流产的已婚女性比例比这个调查提供的比例高得多。）这说明，中国女性的性生活质量堪忧。

- **案例：**

1. 试婚期发现男方“不行”，女方欲人工授精，男方父母坚持自然受孕

台州临海的某男和某女是网恋的“80”后恋人，二人订婚后同居。但女子表示男子“那方面”不行，怀不上孩子，想去做人工授精。可男子父母不接受，要求等男子治愈后自然受孕。随后又因矛盾吵架，女子气得跑回了娘家。男子认为她悔婚，表示要算分手账，他认为错在女子，因此必须把彩礼全额退回。女子则表示，为了给婆家传宗接代，自己甚至辞去了工作，这十来万元彩礼，填个窟窿都不够……（《北京晚报》）

这个新闻又惨又搞笑。明明是同居了，明知道对方性能力受限了，又不能生育了，还是个妈宝男，还想着结婚，这个女人是不是太傻了啊？

简单地说，性能力有问题（除非双方都是无性恋），一票否决；一方想生育，另一方不想、不能、不配合生育的，一票否决；超级妈宝男、超级妈宝女，一票否决。至于还不还彩礼，我不关心。

2. 5 年无性婚姻，欠贷 105 万元，女护士选择了离婚

杭州一位年轻女护士控告自己嫁了个假丈夫，结婚 5 年，没有一次性生活，丈夫甚至连她的嘴都没亲过。

后来按揭买房，这位妻子又一人承担了所有的贷款，共计 105 万元，而她的丈夫当初只是首付垫了一部分钱，平时每天回家只知道打游戏。

这还不算完。由于两人结婚多年一直没有孩子，被蒙在鼓里的双方父母都催着小夫妻赶紧生娃，结果丈夫一急把锅全甩到了女方身上——“是她有问题，这事不怪我”。忍无可忍，这位女护士选择了离婚。（网易新闻）

这又是一个“五毒俱全”的案例：这位女护士，应该是“同妻”。不仅丈夫是同性恋，而且她还倒贴了百万元，丈夫不做任何家务，还把锅扣在妻子身上。这位妻子应该庆幸，与丈夫没有发生过性关系，也没有得艾滋病的风险。

● 无性婚姻的原因

“无性夫妻”最初出现在日本。经济高速发展时期，由于工作压力大，80% 的男性回家倒头就睡，性趣全无；女性在怀孕生子后，因为育儿疲劳、家务繁忙，对性事也态度冷淡。

在世界各国，人们拒绝性爱要求的头号原因几乎都是“太累了”。

无性婚姻的原因还包括：性知识的缺乏和性技巧的单一；环境恶化与食物质量的下降导致性冲动减弱；身体的疾病，等等。

在非洲的一些国家，导致无性婚姻的罪魁祸首则是贫穷和战争。

1. 无爱所以无性：夫妻间不会经营感情

真正器质上的“性无能”，比例并不高。真正影响二人的，往往是没有了感情，甚至发展到厌恶对方的身体。而这部分夫妇，不管是哪方出轨，他们在婚外，都能马上恢复性能力。

问题并不出在身体上，而是感情上。是时候重新考虑一下婚姻是否有必要延续下去了。

2. 社会文化的影响

生存压力变大，是重要原因。中国人民大学性社会学研究所所长潘绥铭的看法是，“婚姻无性”的确存在，在他做的调查中，大城市的夫妻，性生活的次数比小地方少。究其原因还是生存压力。现代社会的高强度、快节奏，压榨了人们的生活。

“饱暖思淫欲”，当你还在为钱奋力打拼的时候，夫妻间的性生活显然是可以暂时忽略的非必要生活品。

3. 工具意识太强，把“性”当作生育工具

性在夫妻之间只是传宗接代的工具，完成了这个任务，有没有似乎也没太大关系。很多夫妻在结婚后都把性爱当作一种任务来完成，并没有真正地享受性爱。

性与生育，差别太大了。如果不能把性从功能工具上面剥离开来，也很难享受性愉悦。

国外性学专家曾经对各年龄段者的性满意度进行排序，分别是：20 岁 > 50 岁 > 40 岁 > 30 岁 > 60 岁 > 70 岁。50 岁后，仍然应该有足够质和量的性爱。

● 很多女性没有情欲，没有性欲，只想结婚

我做过一档直播节目《亲密客厅》，我的搭档裴谕新教授就是中国年轻一代里最有资历的性学专家。

一些数据和资料显示，中国已婚女性，性生活的质量与次数都偏低，近年来稍有好转了。

中国的传统观念给女性造成的影响是：格外注重“婚姻”这种社会关系，渴望取悦别人，渴望符合别人给她设定的规范，渴望成为别人口中的好女人。

但我们知道，就算别人夸你是好女人，也不会给你发奖，也不会给你钱，你的丈夫也并不会因此就对你更忠诚。

多点满足自己。从婚姻中最基本的要素——“性”开始。

假如你还未婚，性是你的需求，而不是送人的礼物，你是用来满

足你自己的。

很多女生说，觉得自己是性冷淡，常常没有很强的欲望。男朋友一直很想要的时候该怎么办呢？要怎样去提升自己的性感受呢？这些焦虑几乎大部分女生都有，女生的身体跟男生不一样，是需要慢慢去练习、去唤起的。

其实她们并不是真的没有情欲和性欲，只是被道德压抑了而已。等她们婚后，道德允许她们有情欲和性欲了，她们才发现，性不和谐或者是根本没有“性”，是一件多么可怕的事。

而且，男性如果性能力不行而不想去治，或者干脆就是一个同性恋，他们的人品、道德、脾气都是极差的。这令女人在没有性生活之外，又增加了无限的痛苦。

还有，因为面子问题，一旦家长催着要孩子，男性会特别歹毒地把责任推到女人身上，令她额外地承担社会压力。

● “文化程度的高低，与性高潮的多少成正比”

性学专家潘绥铭，在一篇文章中对当下我国居民的性生活状况做了描述性的统计。研究显示：

1. 夫妻当中，对自己的性生活非常满意的人为 27.1%；比较满意的有 62.1%；只有 10.8% 的人感到不太满意或者很不满意；

2. 就全体中国成年人而言，平均性生活频率大概是每星期 1 次左右；

3. 文化程度的高低，与性高潮的多少成正比；

4. 做家务影响性满意度；如果夫妻做家务的时间差不多，对于夫妻双方的性满意都没有什么影响；如果一方多做家务，那么这一方的性满意度会下降；

5. 大城市和农村的居民性生活质量比中小城市的居民差；

6. 性知识有助于提高性满意度；

7. 吃醋和性生活频率密切相关，相互之间从来不吃醋的人们，性生活频率比那些有时吃醋和经常吃醋的人们要少得多；

8. 婚外性影响性满意度，如果任何一方有了婚外性行为，不管对方知情与否，自己在婚内的性满意度可能也会大降；

9. 接受过性服务的男性比例约为 6.4%，更大比例的城市男性接受过性服务；

10. 收入状况和性交易可能相关，收入最高的 5% 的男人接受性服务的可能性，是收入最低的 40% 的人的 33 倍。

● 如何破解

提升自己的性感受力，需要练习。因为没有什么事，是不需要努力、不需要热爱、不需要摸索得来的。甚至连完美的性爱，也是需要多去探讨，才能更好地实现的。同时，它也是婚姻和感情最好的润滑剂。

1. 一切的前提是，你在挑选伴侣的时候，得找到各方面都和谐的，尤其是性和谐。

2. 性和谐与否，最好还是结婚前知道。结婚比分手严重多了，也麻烦多了。

3. 一旦对方性能力有问题，如果他并没有去治疗的兴趣，必须分手。这意味着：他人品不好，他也不爱你。

4. 任何时候意识到自己是位同性恋妻子，都要马上离婚。出轨尚有一点回归家庭的可能，同性恋是绝无可能的。小心得性病和艾滋病。

5. 意识到女性的身体是需要培养的。女人的欲望唤起注重情节和感受，需要前戏，需要调情，需要有充分的亲吻、拥抱，而不是猛烈进攻。平时女性可以尝试新的角色、场地、姿势和玩具，了解令自己愉悦的情趣和嗜好。

6. 女性需要更多地认识自己的身体，特别是隐秘部位，了解它的感受。并且，也尝试让男伴去了解。

7. 快感跟肌肉一样，需要锻炼。

8. 了解男人的感受与脆弱。把“过程”当作两人的沟通交流。

• Part6 • 钱钱钱！别小瞧婚恋中的金钱关系

理解婚姻的经济本质，不是让你为钱而结婚；而是让你明白，你们应该是一个互利互惠的结盟；你们身上有对方想要的东西，比如钱、门第、学历、年轻美貌（英俊）、好性格、能力强、智商高、会照顾人……不存在那种只有一方惠及另一方，占便宜的那方却只提供“爱情”的婚姻；如果有，一定是有问题的。

金钱关系，是婚姻中最重要的关系之一

● 婚姻法，只保护金钱，不保护感情

有人说："把感情和婚姻与经济利益挂钩的人，无论男女都让我觉得很无耻和肮脏。"

说这话的人，恐怕根本没有听说过《中华人民共和国婚姻法》吧？要不然，怎么会对"婚姻"有这么大的误解？

《中华人民共和国婚姻法》的总则第二条，就是"实行婚姻自由、一夫一妻、男女平等的婚姻制度。保护妇女、儿童和老人的合法权益"。

为什么说"权益"？权益，就是包括财产在内的权力和利益，而不是保护其"感情和纯真爱情"。后者，是法律管不了的。

为什么说"保护妇女、儿童和老人"？因为"成年男性"在家庭结构当中是处于有利地位的一方，他们很可能本身就是分配利益的人；不用你提，不用你保护，他们的利益是优先得到保障，甚至可以多占多分、侵占弱小者的权益的。只要妇幼的利益是"合法的"，就无法侵占"丈夫"的利益。弱者的利益，只能由法律来保障。——当然，当弱者是男性的时候，道理是一样的。

而且，从《婚姻法》的第三章开始，大部分的篇幅，都在讲财产如何分配的问题。结合不断更新的婚姻法解释细则，更能明白：

法律从来都不保护婚姻当中的"感情"，也不保护婚姻当中的

“性独占权”（也就是说，不管你们谁出轨），它保护的是人身安全和经济权益。

明白了这一点之后，才有必要往下看。

● 门当户对，更利于婚姻安全

正因为，经济在婚姻当中占有如此重要的地位，女方家庭固然不愿意下嫁，以免生活水准下降；其实男方家庭也不愿意低娶，也不希望扶贫。人同此心。

而且，不管东方还是西方，在古代，婚姻与“爱情”是没有关系的，婚姻不需要经过当事男女的同意，是家族的利益结合。既然是利益结合，当然完全就是看双方的地位来安排的了。要么两者地位几乎差不多；要么一个提供名，一个提供利。

如果是在较为贫困的平民阶层，谈不上强强联合；那就什么锅配什么盖，互相扶持，一起养家；因为当时的物质条件匮乏，一个人有可能活不下去，或根本养不起孩子。

不管怎么看，都是一种“门当户对”。

“门当户对”泛指男女双方家庭的社会地位、经济情况、职业相当，很适合结亲。

但到了现代社会，这个词义应该有一定的变化。因为这几十年来的中国，发生了很剧烈的阶层流动，祖辈、父辈与子辈的阶层，很可能发生了断裂。此外，教育水平、价值观念、兴趣爱好，也是结婚当中很重要的参考因素。

这些与中国古代都有本质不同。

我的意思是，原生家庭、父母的经济水平，是一个参数；两个年轻人的教育水平是一个参数，价值观是否接近，是一个参数；是否“兴当趣对”（或至少接纳），也是一个参数……

还有，外貌、身高、年龄，对待情感的态度，自己赚钱的能力，消费习惯，统统都要考虑。

有人可能会问：“为什么要这么挑剔呢？以前没那么讲究、古代没那么挑剔，不也过得很好吗？”

如果你要的是“结婚”这件事，很简单，找个乞丐也能结婚。但如果你要的是幸福，而且是婚姻幸福，你就必须精挑细选，而且还得允许别人也精挑细选。

古代的盲婚哑嫁，不幸福、痛苦的极多，女性被折磨至死的也不少。她们没有任何话语权，没有任何办法。《红楼梦》里的迎春，这样有权有势的大家族里出来的贵族小姐，没多久就被家暴致死，他们娘家人都知道，屁都不敢放一个。普通人家的姑娘，更不用提了。

现在，你还愿意过这种人生吗？

女性，如果没有挑到合适的人，不说物质上的享受，不说实现阶层的上升，还可能因为男性的强势或暴力，陷入家暴和被控制、被骗钱等可怕的后果。

要想婚后不过苦日子，就得婚前睁大眼。

包含了家庭背景、文化水平、价值观等因素在内的“门当户对”，有其合理性。两个家庭生活习惯相近，对现实事物的看法相近，才会有更多的共同语言，才会有共同的快乐，才会保持更长久的彼此欣赏，也才会让婚姻保持持久的生命力。

● 如何破解

1. 认真读读《婚姻法》，多了解婚姻法细则，抛开不切实际的幻想。

2. 婚姻的基础是经济关系，而不是爱情。不是说爱情不重要，但经济基础有问题、两人在经济关系上没有达成共识的婚姻，再有爱情，也是空中楼阁。

3. 理解婚姻的经济本质，不是让你为钱而结婚；而是让你明白，你们应该是一个互利互惠的结盟；你们身上有对方想要的东西，比如钱、门第、学历、年轻美貌（英俊）、好性格、能力强、智商高、会照顾人……不存在那种只有一方惠及另一方，占便宜的那方却只提供“爱情”的婚姻；如果有，一定是有问题的。

4. 那些说“婚姻怎么能够这么算计”的，很可能是想算计对方，生怕对方变聪明了、不好占便宜了；有的就是自己糊涂。没错，婚姻可以不斤斤计较，但大事不能糊涂。

5. 最重要的还是那点：选合适的人，保护好自己。

“高攀”有风险，豪门须谨慎

● 如果不是有钱人，别想着嫁有钱人

别看电影了。现在，就算是中国首富的儿子，他交的女朋友也很多都是自己能赚钱的。富豪养明星，明星自己家底也很厚好吗？

经常有人说：“实在没有办法，就找个有钱的嫁了算了。”——真是把有钱人都看成傻子了。二十年前，中国确实有很多暴发户，他们没文化没素质，又单纯又蠢，确实可能看到年轻漂亮的就会娶，一个出钱一个出貌，很公平。

但现在，中国的暴发户已经非常少了。有钱人多是有能力的、有心计的，甚至很有文化的。他们基本上都会在同样的有钱有名的社会阶层中挑选，或者是能促进自己事业的，门当户对。哪怕有些富人再娶年轻的，一般那些年轻姑娘也是有文化、有手腕、家境非常好的；轮不到这些连个爱人都找不到、脑子一团糨糊的蠢姑娘。

退一步说，就算还有出身不怎么样的女孩套住了一个有钱人；但要想把人家的钱弄出来，真是比登天还难。有钱人，一般来说，商业头脑、经济头脑比你精明百倍，不然怎么有钱？耳濡目染也够了。你不嫌弃人家，人家还嫌你的智商破坏了他们家的优秀基因呢。

传统教育下，男性比女性精明很多，女性很难从男性身上占到便宜（除非对方特别老丑），高攀明显不属于自己的阶层，有风险。

有那精力，还不如自己变成有钱人。

来自网友@上海房产专业律师的意见：

女性嫁给富二代，可能是最劣质的婚姻选择。（根据《婚姻法》和工作经验分析）

首先，富二代意味着婚前已经买好了房子车子、名贵珠宝，甚至是飞机游轮，这些都是男方婚前个人财产。婚后很多年，小夫妻都不会形成新的夫妻共同财产。据我们的办案经验，男方一般是根据女方的娘家实力，给予2万至6万元/月的零花钱。

第二，婚前，富二代的父母往往以各种理由要求女性签婚前协议。例如债务原因、股权代持原因等。

第三，婚后，富二代往往要为企业做各种担保，例如房产抵押，女方作为担保人配偶往往也被迫一起签字。否则银行是不贷款的。目前商业经营风险较大，稳定富裕十年以上的富豪家庭是较少的。大部分富二代的妻子，几十年后的结局也不过是普通人。

第四，婚后，女方并不掌握企业经营情况，实际上也拿不到什么企业利润分配，甚至连企业盈亏都不知道，但是企业的各种担保债务是要全部承担的。

第五，已婚的富二代在社会上也很招女性青睐，出轨的事情屡见不鲜。一旦离婚，女方基本是人财两空。

第六，若公婆欠债破产，儿子儿媳作为企业债务的各种担保的签字人，在劫难逃，基本是进入法院黑名单了。夫妻间的债务协议，妻子也要承担。

● 豪门会尽其所能不让你沾光

富一代不是太多，真正很有钱的富一代年龄都大了。他们那种择偶观，跟一般人不太一样，人家也可能挑能照顾他的小保姆或医护人员，也可能挑跟他差不多年龄的显贵家庭的女性成员，这个我觉得不好说。

我也不建议把五六十开外的富豪作为女性的择偶方向并朝这个方向努力。没意思，不值得。他们的算盘打得极为精明，无论如何他们不会吃亏。

比较令人倾心的是富二代：年纪轻轻，从小有钱，生活有格调有品位，长得也不太丑，出手阔绰。看起来很拿得出手。

但只需要记住一点：这样的人，和他背后的家庭，不仅不会吃亏，而且也会想尽办法不让你占便宜。

我有一个女友，嫁给了一个富二代。

以前她是电台主持人，有不少粉丝。一位比她大一点的富二代疯狂地追求她，她答应了，从另一座城市跟随他到了广州结婚。

结果，这个男人虽然当时已年过四十，实际上却是一个“爸宝男”！啥都要听他爸的安排和吩咐，手头的产业全都是他爸置下的，都不挣钱；每月只给这个媳妇一两万元的生活开销，每次孩子班上交个费，还得向公公婆婆讨要。

大家庭里的规矩多到吐血，婆婆管不了公公，就疯狂地对儿媳妇挑刺。生完孩子之后，我这位朋友不仅得了严重的抑郁症，还一身都是病。加上此时老公出轨，她离婚了。

我这位女友本身就是女强人，虽然之前被压得喘不过气来，但是她在离开之前仍然据理力争。只不过财产权全部控制在公公手里，公公关于孩子的抚养权丝毫不让，连赡养费都要精确到十位数，而且必须到孩子长大成人才能动用；在漫长的扯皮之后，这位女友争到最好的结果，也就是没有被净身出户而已。

总体来说，我这位女友还算是能力和情商都较高的。离婚后不久，她就再婚了，丈夫很好，她现在过得不错。但是，之前的那次婚姻，从经济上到身体上，对她伤害都非常大。我甚至想，换了我，可能连她能争取到的那些利益，我都未必能争取到。

普通女人，甚至职业女性，在狡诈程度上、在昧着良心上，很难跟那些都不知道靠什么发达起来的富人相比。

● 择偶趋势已改变，富豪不再受欢迎

现在，优质女性，例如女明星，已经不喜欢富二代了，更加喜欢找自身有赚钱能力的配偶，例如高收入的男演员、投资公司 CEO、基金投资人等。

大家看看嫁给富二代的那些女明星过得多惨就知道了；不是结婚后发现对方欠了几千万的债等着明星老婆来还，就是结婚后发现对方骗婚；有的一连生三个孩子、自己很想结婚，对方却同时还跟别的女星交往、就是不愿结婚；还有的是结婚一年就离，拿不到钱也只能假

装大度地说：那是人家的钱，我不要。

跟所谓的“豪门”联姻，远远不如跟她们的明星男同事结婚：虽然不能说婚姻就一定顺遂，但至少有主动权。

条件较好的女性，可以考虑在类似的职业中寻找伴侣。

这些职业的优势显而易见，收入很高，纳税完整，风险很小。婚后的收入，属于夫妻共同收入，可以迅速形成夫妻共同财产，对女性最有利。

当然，条件好的高级职业经理人或专业人士，他们也有很多的女性择偶备选。一般他们也会挑选比较优秀的女性。

● 如何破解

1. 灰姑娘不要找白马王子。门不当、户不对的，嫁入豪门，没有娘家强大的后台，你也 HOLD 不住。

2. 如果因为你的容貌出色，或者是某些因缘际会，和富家子弟结缘，那你也要做好心理准备，不以物喜，不以己悲。享受恋爱的好处即可，随时走人，不难过。

3. 与富二代结婚，尽量少参与他们家的经营，也尽量少掺和、少担当他们家的各种法人代表。如果你不是有一个极其周密的计划（那是电视剧），你应该默认，除了给你的零花钱，他们家族的钱，跟你啥关系都没有。否则，你被坑、被负债的可能，远远大于你从他家狠狠捞一票的可能。

4. 尽量不辞职。尽量有自己的事业。

5. 在可能的基础上，尽量利用男方给你提供的更高的平台，去为自己争取更好的前景、更好的事业。这一点邓文迪、田朴珺可做参考。

参见黄晓明与Angelababy。之前，黄晓明比AB的知名度大多了，赚钱能力也比她强无数倍。但结婚后，黄晓明努力扶持AB的事业，如今AB的年收入也已经超过1亿元，也能反过来提携略走下坡路的黄晓明了。两人现在是中国最赚钱的娱乐圈夫妇。AB在接受采访时透露：黄晓明懂投资，他自己的钱自己管；我的钱我自己拿着，还是自己拿着比较放心。

6. 男方如果出轨或家暴，可以冷静地拿证据，用来谈经济条件。具体情况各有不同，总体而言，不建议忍。因为对他而言，换掉你的成本并不高，你拖下去能拿到的东西更少，你丧失的尊严更多，还不如趁早拿点补偿，赶紧分开，还有机会重新开始。

下嫁催人老

● 不占别人便宜，也不要让人占便宜

你介意你比你男友富有吗？这个差异，不能大到影响你们的价值观、消费观和审美观。

理论上来说，男女平等。

1. 男女朋友当中，男性比女性富有很正常，女性比男性富有也很正常。

2. 女性如果有钱了，确实可以选择自己喜欢的，更随心所欲。但一般来说，因为社会地位的不平等，矛盾会比同一阶层的多很多，风险也大很多。

3. 现在流行说女性养“小狼狗”“小奶狗”。这个并不反对。但与男性对待女性的态度一样，你不能因为有钱，就把对方当玩物，就不尊重对方。在各种的婚恋模式当中，“平等”与“真爱”都是基础，而不是“包养”。

4. 可以与经济条件不如自己的男性交往。但要警惕自己只是被利用，而且是被榨干吃净还打压你的那种利用。

5. 这一条，只适用于那些经济条件较好、生活无忧的女性，她们可以在更广阔的范围内择偶；就算对方经济条件稍逊于自己，她们也无须降低自己的生活档次。但如果女性自身就穷得叮当响，朝不保夕，

就不要去找更差的人了，那样，带给你的只能是生活和现实的双重绝望。

● 就要大大方方地“拜金”

女性千万别有心理负担。要向男性学习，千万别跟钱过不去。

“拜金”的污名化的帽子，不要介意。那些“朴素”“懂事”“不贪钱”的高帽，不值钱。等你结婚后，就变成了“不打扮”“无趣”“又穷又抠”的代名词，当初的高帽，都会成为他出轨或抛弃你的理由。

自己好才是真的好。

● 女性经济独立，是为了拓宽选择面

不反对女性与经济条件不如自己的男性结婚。

当一位女性在经济上无忧的时候，她无须以寻找经济依托为前提来择偶，理论上，她的选择范围更广；

她可以选择比自己更富有强大的；可以选择跟自己差不多的；也可以选择比自己经济条件差，但其他方面有优势的。

举例说，一个有房有车的女金领，可以与一个长得好看的、比自己年轻、很理解体贴自己、收水水平比自己低的追求者在一起；也可能选择一位收入平平，但稳重、有才气的高校老师。

这都在合理的择偶范围内。

如果是收入偏低的女性，她未必敢在如今房价高涨的情况下，选择一个不仅收入比自己更低，还父母生病、一家老小都得照顾的“凤

凰男”，否则小家庭不可能积累财富，不敢生育。

有钱，是为了让女性拓宽选择面，而不是相反。

要改掉那种“不管女人多强大，还是要找一个能降服她、比她更强大的男人”的成见。

● “吃软饭”是物种竞争的选择？

女性经常被男性批评为“拜金”。实际上，男性工作，从事各种经济活动是天经地义的，他们对于经济和财产，比女性敏感得多。如果说“拜金”，男性怎么可能不比女性更“拜金”呢？

但为什么很少说男人“拜金”？理解了这一点，才能明白婚姻的本质。

1. 在相当漫长的时间里，父母的财产默认全部给儿子，女儿没份，嫁妆有限；而且，女性参加工作的年限短；在这个意义上，女性被默认本身是没有财产的。富人把女儿嫁给穷女婿的故事毕竟很罕见。男人“无金可拜”（那是因为他们的姐妹全把财产给了他，他不用从妻子那里找财产）。

2. 女性的生育、家务、为男性为家庭的操劳，本身就是以服务和劳役，代替了财产。传统男性娶妻就是为了找人照顾自己、生育孩子。折合成保姆和各种外雇服务，你就明白这个价格有多贵了。

3. 虽然夫妻都应该均等地负担养育孩子的重任，但在目前的中国，女性承担养育的部分比男性多得多，操劳也多得多；女性在挑选配偶时必须为未来的孩子考虑养育成本（不这么考虑的女性才是不负责的）。女性需要男性给予一定的经济支持，是为了他俩共同的孩子的，但这笔账，全都变成给女人一个人的。

4. 现在因为女性也能工作了，独生子女多，加上一定的平等意识，父母的财产也会给女儿了，女性的财富显然在增加。谁说男人不看女人的钱？不常有各种各样的人，鸡贼得不得了地找女人要求“有钱”、“独生女”（便于把岳父母的钱全部弄到手）、“有房有车”吗？还说男性不“拜金”？

5. 当下社会里，靠着岳父岳母飞黄腾达的男性社会精英不计其数。但大家夸大了他们的奋斗，却避而不提他们的钱是从哪里来的。还有，他们真正有钱之后，还很可能抛弃当初提携他们的原配。

6. 话语体系当中，仇女。女性要求男性的经济基础，变成“拜金”的负面话语；男性则是“找个富婆少奋斗二十年”的奋斗史。

“吃软饭”不可耻，但吃完软饭就要夺取“米饭班主”的财产、百般凌辱的，可耻。

● 案例

常熟杀妻案

凤凰男与白富美为大学同学，两人恋爱要结婚了。女方父母不忍女儿过得贫苦，出资买车买房。此后，女方怀孕生女，婆婆同住，并把自己的大儿子也接过来住，多有矛盾。白富美于是提出离婚。一个月后，男方出差，恶婆婆怕媳妇力气大，趁机把汽油泼到她的脸上，将她的隐形眼镜溶解，眼睛无法看见，结果滑倒；婆婆遂多刀剁、砍、刺，杀死媳妇。死时，媳妇的头颅与脖子仅连着一张皮。

婆婆因自首被从轻判刑，白富美生下来的小孩一直由女方父母带着。但男方以监护权威胁，霸占了女方出资的房产和车子。不到一个月，他大肆相亲征婚，但没有本地的姑娘敢嫁给他，找了一个外地的结婚了。而且后来还升职加薪，从教授一跃成为某理工学院的副院长。

三星“公主”离婚案

2016年5月18日讯，韩国首富、三星集团会长李健熙的长女李富真离婚诉讼一审胜诉后，其夫任佑宰不服，上诉要求李富真给他1.2亿兆韩元（约69亿元人民币），并且索要孩子的抚养权。这位真是世界级的渣男啊。

李富真不仅是三星集团的二公主，美貌不输明星，而且，自身能力非常之强；自从开始正式经商，李富真就一直霸占韩国女首富的位置，身家19.3亿美元（约合130亿元人民币）。1999年8月，李富真下嫁当时只是保安的任佑宰，轰动韩国社会。但是，这桩富豪女与草根男的婚姻15年后还是触礁了。

而且，任佑宰还要趁三星遭遇重大挫折之机，狠敲一笔，并要撕给全世界看，完全不给李富真留面子。

● 如何破解

1. 婚前就要重点考虑经济因素。如果你的经济条件比男方好很多，对方就应该在品行、忠诚方面给你足够的承诺。

2. 不要容忍“软饭硬吃”的男人。但很多男性，明明在花着女人的钱，还必须凌驾于女人之上，他要说了算，他要安排你和控制你。这种人，为了掩饰自己不具备传统要求的“男人能挣钱”的能力，一定要在打人、骂人、侮辱人上面很有男子气概。利落点，让他滚。

3. 不要当“女强奴”。现在女性也出来工作了，谁不喜欢钱啊，娶一个女生很能挣钱，也是很多男性的梦想；问题是，很多男性要求女人挣了钱之后，更好地为他服务，要求你服从他的“旨意”，同样要跪下来向他朝拜。你要知道，你挣钱，是为了让自己过得更好的，而不是用来服侍男人的。让你过得不好的，都让他们打包回家。

4. 男性比女性社会属性强，更注重经济。不怕他贪你的钱（你可以理解为你在花钱买爱），但就怕他以不正当的方式贪你的钱。可以给他钱，但一定要杜绝他以其他方式不正当地谋你钱财的可能，比如，避免让他当你的公司的股东之类。

5. 一定要分清楚，你爸妈的钱，不是你的钱，更不是他的钱，谋你爸妈的财产，门都没有。房子也是同理，你爸妈的房子，不要给他觊觎之机。

6. 时刻警惕着，保持经济独立，你可以考虑财产用多种方式分散，保证万一分开，或者你出事，他能分得的部分有限。

7. 为什么女性必须警惕亲密关系当中的男性？因为女性遇害，有一半是被丈夫或男友、追求者所杀。你有时很难分清哪些男性潜藏着很强的暴力欲望。你有钱，他有暴力，如果他再加上有点心计，亲密关系当中的女性就容易成为攻击对象。而女性，再贪钱，无论是从社会属性的智力上，还是体力上，都很难斗得过男性，危险性小太多了。

日常生活中能否花男人的钱？

● 如何收礼物？

这个要视情况而定。

礼物，不要明显超过他的收入水平。

一个大学生，你就不能让他送你苹果手机，太不厚道了；

一个刚刚入职的白领，除非是“四大”或者华为，也不宜要人家送香奈儿手袋；

普通的收入，你不能让人家送你车……彩礼是另外一个话题。

而且，有送有还。类似价格，或者根据你们的收入差距比例来定度。

吃饭，如果经济条件接近，一般习惯是男性主动请客多一点，适当的时候，女生也可以回请。如果女生的收入比男生高一大截，也可以反过来。

女生，忌倒贴，也忌索求无度。如果你在金钱上的付出，比对方多很多，比如房租之类，那你应该重新审视这段感情。

如果对方给你的金钱的付出，也是明显比你多很多，除非他的收入真比你高非常多，否则，你最好也在这个问题上与他多沟通。

以免万一要分手时，被要挟。

平等。原则是，不占他的便宜，但也不应被无休止地占便宜。

● 不接受追求，能接受礼物吗？

这句话可以反过来问：如果你很喜欢一个男生，你想对他表示好感，你想送一个礼物给他；你心里的感受是什么？

如果是我，他肯收下，我非常高兴。就算他收下了，以后表示并不能接受我，我也认了。我明白，这是两码事。

如果他拒绝收下，那我就死心了。我也认了。

实际上，对方接受你送出的礼物，本身就让你开心。礼物来往不是交换关系，礼物不是用来购买和确定关系的。

这个问题，对正常的男性也适用。

也就是说，接不接受礼物，都是可以的。看你的感受。就算接受礼物也没规定你必须与他交往。毕竟，真正理解“恋爱”的人，是明白里面有很多不确定性的，最初的好感，并不一定必然导致谈恋爱。

有两点要注意：如果你很讨厌对方，就不要收了。心情不好。

如果礼物太贵重，也不要收。会引起不必要的麻烦。

以上，是针对正常人的。

我再来谈一个例外情况：在中国，尽量不要接受男性追求者的礼物。

因为在很多心态不健全的男性眼中，你接受了他的一包零食或一杯奶茶，就意味着你答应给他做女朋友了，答应跟他上床了。

在你对这位男性追求者没有把握之前，不能确定他是否有正常价值观之前，避开为好。

● 案例

1.“曾经有个案子，男方律师，女方法官，恋爱闹掰的时候男方列了清单，诉称给女方买的东西都是建立在女方同意结婚的基础上，包括去苏州给女方买的丝巾，啥时候去超市给女方买的日用品等等，每一项均附有发票……后来开庭的时候，男方带了助理兼新女友来出庭，真是惊呆了我等一众围观群众。”

2.“呵呵，去年我同学跟我借五千块钱，原因是她和男朋友分手，男朋友把恋爱期间吃饭开房出去玩的钱算了一下，大约一万元，然后让这个女孩付他一半，不然去单位闹，毁她名声。”

3.“室友男朋友分手要奶茶费、过来看她的公交车费，精确到毛，不给就打人，后来一起去警察局。”

4.“有人平时住女方家省了开房钱，分手拿出购物小票、发票等付款凭证一条条算呢。你问这怎么算得清楚？男方说，‘卫生巾不可能是我用的，你把钱拿来’。”

5.“大学时最奇葩的一对，男的分手时要求女生给他过生日买生日蛋糕再加一件500元的衣服，因为女生过生日时男生这样给过她的，两人分手后一个月男生又非要和好，说把衣服还给女生。”

● 吃饭时必须AA吗？

1. 谈恋爱时，记得“对等原则”

“对等原则”，是我提出的。它有点像平等，又不完全一模一样。它与双方的工资收入、为感情付出的程度，和双方的个性或者关系中的分工有点关系。

首先，明白双方都是平等的，双方都要为这段关系和感情付出，包括金钱。不能总是一个人出钱，也不能总是一个人占便宜。你请了我，我在合适的时候也要回请你；你送了我礼物，我也会回赠合适的礼物予你。

不见得全都是AA，太生硬，也略觉无趣（喜欢AA的人可以照旧AA）。

但每个人情况不一样。收入高的，可以适当照顾收入低的；感觉自己对爱、对形式感更在乎的，可能多付出一点也愿意；有人负责家务、帮你承担很多事务的，另一方就在经济上给予一定补偿和优待……

如果双方都能付出，而且都感觉到满意，那就是可以的。

2. 经济分开核算有必要

不要靠男朋友养。

也不要养着男朋友。

有时，可能是共渡难关，需要互相扶持，但这个“难关”，你大概要明白一个期限。不管是你的难关，还是对方的难关。

同样，如果你总是被他帮助，也不行，你得有自己的核心能力站起来。否则，最理想的结果就是嫁给他当家庭主妇（还不一定能呢）。

平等的爱情，是共同承担。AA并不是原则，互相体谅、价值观相符才是。

消费是恋爱中的一部分，甚至是很重要的一部分，两个人也要一起去承担。

3. 男友问我借钱怎么办？

如果这笔钱对你来说不算小数目，就不要借。不要掉进恋爱的“沉没成本”陷阱里。

当你借钱给男朋友时，在心里做最坏的准备：他不会还钱给我了。当你有了这个心理预期，才能理智地考虑，而不是头脑发热。同时你也才能大度地看待这件事，把重心从“钱”转移到你希望考验对方的东西上面来。

男友，随时可以跟你分手，随时可以是陌生人。

大致有以下一些原则：

（1）大额金钱，不建议借。这笔钱十有八九要不回来。

（2）做生意，不要借。

（3）不要拿钱给他，让他帮你投资。99.99% 是骗子。

（4）如果他是借给亲人救命，一定要明确地盯着确认。而且，你要有心理准备，基本上是有借无还。而且，可能下个月你们就会分手，就是陌生人。你有没有这个心理准备把你的钱给一个陌生人的亲人打水漂？你的心里能过这个坎就可以。

（5）以为借钱这个举动，能讨好对方，是很蠢的。给钱不能买来他对你的爱和忠诚。如果对方要你的钱不是出于好意的话，他只能更加确认你蠢，更看不起你。

（6）一个男人在没有担保品的情况下开口向你借大额金钱，一般不是什么好东西；如果他因为你不借而分手，那真是太好了。

● 如何破解

1. 你与你的男友，金钱观要基本一致；不一致的人过不到一起。不少男性，看不得自己的女友比自己有钱。不仅不舍得给女友花钱、一杯奶茶都不舍得买，而且，连女友用自己的钱他也很生气，指责女友不会过日子——因为他认为，女友的钱，以后就是他的钱；女友现在花自己的钱，就相当于花了他们以后的共同的钱。

2. AA 或者不 AA，不是重点，重点是你们俩对消费能有共识，掏钱的方式你们能达成默契。

3. 不要觉得用钱讨好对方，就能获得爱。

4. 对不合适的人、心术不正的人，钱是很好的照妖镜。早分早好。

5. 有钱，比有男朋友重要得多了。你得分清主次。

为了钱而结婚，能否行得通？

● 什么财产差距最幸福？

美国康涅狄格大学社会系教授克里斯汀·蒙施在 2003 年到 2011 年，分析了 2750 名 18–32 岁的已婚男女的婚姻和收入状况。

蒙施的调查结果是，在一个美国家庭中男女收入比例在 7∶3 时，也就是男性收入是女性的 2.3 倍，他们的婚姻最为稳定。如果男女收入比例差距过大，比如这个比例达到 10∶1，则无论女性占优势还是男性占优势，夫妻中都更容易出现出轨的情况。

在这里，男性收入超高而寻花问柳似乎容易理解，但令人意外的是，收入超少的“软饭男”竟然是最喜欢出轨的一个群体，他们的出轨率达到了 15%。

在美国这个比例为 7∶3，在中国平均来说是 1.3—1.5。这可能说明，中国女性的平均挣钱能力强于美国女性，她们的社会参与程度和话语权更大。

男女收入的这种比例也很好地解释了为什么收入很高的女性结婚年龄偏晚，这主要是因为她们的婚姻成交价太贵了。一个年收入 50 万元的女孩，她的婚姻合理成交价格要求男性收入在美国达到年均 115 万元，在中国打了折也要达到 75 万元。这个收入水平在未婚的男性中是非常罕见的。

● 原来说女性结婚拜金，现在女性结婚扶贫？

新《婚姻法》的实施，引起社会极大的关注与讨论，尤其是女性权利的保障问题。

一方面，越来越多的独生女进入婚配年龄，她们当中很多人是有父母给的财产的；另一方面，由于受教育程度的增加，很多女性本身收入也比较高。

这种情况下，这些有财产的女性成为不少男性希望结交的对象。

但是，很多女性的社会经验不足，容易受骗，这与更充分社会化的男性有较大差别。而且，女性会怀孕，需要生育，单单是生育本身就付出巨大了。又付出金钱，又付出劳动，付出生育养育的巨大机会成本，会令女性处于明显的弱势，更容易受到男性摆布。

骗城市富裕家庭单纯独生女，已经成为一种职业了，而且，如果领证结婚了，那一切都可以美化成爱情了——爱情真是一切诈骗最好的幌子，随便说，无法证明。

● 熟读《婚姻法》和《婚姻法》解释条例

结婚之前，一定要熟读《婚姻法》和各种《婚姻法》的解释条款，尤其是经济部分。

如今的《婚姻法》的解释细则，经过多次的修改，体现出了这样一种法律精神：

保护婚姻中经济强势一方的财产（包括负债），淡化婚姻共同财产。

也就是说，谁在婚后共同生活中赚钱多，那么法律就会向他 / 她倾斜；谁在婚后共同生活中赚钱少或者没有，那么法律就不会保护他 / 她的利益。

这意味着什么呢？

意味着没有经济来源的家庭主妇，或者经济来源较少的女性（或男性），一旦离婚，就丧失了婚内财产权。

也就是说，生育和家务劳动、为家庭的付出，是不受法律保护的。

现在生二胎的风气那么盛，生下二胎之后，很多女性的职业生涯就会大受影响，甚至无法重回职场。

也就是说，婚育的女性是很难拿到财产的，得靠看丈夫的脸色。这样的女性要小心了。

另外，现在的房产归属，仅仅“加名”是不够的，法律不保护没有出资而加名的房产。所以，女性即便成功地要求房子加名，也不一定能享有这笔财产权。

此外，之前的《婚姻法》当中，“24 条”的“一方欠债、双方共同偿还”引出大量的丈夫 / 妻子勾结外人诈骗妻子 / 丈夫的共同财产的事例，现在解释细则为“共债共签”，大额债务须两人签字才能成为夫妻共同债务。——虽然法律的漏洞暂时堵住了，但是，如果女性不重视自己的婚姻财产权，总是想着“用爱发电”，最后总会被骗得死无葬身之地。

再强调一遍：女性要熟读《婚姻法》，尤其是关于财产的部分。

● 如何破解

1. 真爱不能无敌，有情不能饮水饱。两人的经济联盟，是你们婚姻的重要因素。

2. 在缔结婚姻之前，女性最好有一定的事业，有较强的经济底气。

3. 视情况，可以考虑进行婚前财产公证。

4. 考虑清楚是否生育。男方是否能拿出足够的经济保障、足够的带孩子的时间和精力?

5. 生育之前，你可以推演一下，万一你们感情出了问题，你们是否有能力处理抚养孩子的问题? 他能否让你安心?

6. 小心对方的欠债，或者以经营不善等可能因素，转移财产。

7. 丑话说在前，沟通就更坦率。保障越充分，你就爱得越轻松。

不嫁“凤凰男”，不当“扶弟魔”

● 不嫁“凤凰男”

1. 如何鉴别“凤凰男”

笼统地说，“凤凰男”是指从农村家庭出来的男性，通过读书、打工等，在城市扎根，并与条件相对较好的城市女性结婚了。是从观念相对保守的家庭出来，又有点小钱小成就的思想守旧男人。

他的特点，不在于出身穷、现在是中产，还包含了思想价值观很保守，把你们夫妻俩的小家的财产和资源，都拿去给自己的父母甚至亲戚老乡。

少数人进城之后接受了现代文明，抛却了传统观念，能贯彻平等观的，不在我们讨论之列。

“凤凰男”不是指小时候家里穷，条件不好；这不是原罪。你要识别出的是那种因为在贫穷或物质奇缺的环境中长大，培养出了信奉弱肉强食的丛林法则，持有“要么我给别人当孙子、要么别人给我当孙子”这种观念的男人。

关键在于他们不尊重女性，歧视女性。但这种歧视，又不是出于个人人品的恶劣，而是深受传统影响。比如：

女性就应该顾家；

我在家从来都是妈妈、姐妹照顾我，男人从来没有干过家务，所以家务都应该老婆干；

老婆家、岳父母家的财产都是我的，但我的还是我的；

我妈不容易，所以你要服侍和听从我妈；

我姐为了我退学嫁给一个残疾人，所以我们要把姐姐姐夫接到我们的新房子里来；

你要是不生儿子，我们家就绝户了；

……

这些都是传统中的精华内容。

2. 双重标准是“凤凰男”的标配

“凤凰男”，不在于穷富，而在于规划当中，是不是把你们的小家放在第一位，是不是满脑子的“传统观念”。

凤凰男身上最难改变的是什么？不是外貌，不是财富，也不是地位，而是生活态度和价值观，是身上一直遗存着的老观念。就算长期生活在城市里，就算已经完全变成时尚一族了，可他时时刻刻还会冒出让人匪夷所思的老观念。譬如一定要生孩子延续血脉，譬如重男轻女，譬如要和父母同住才算孝顺，等等。这些观点，是童年时候就注入他们的血脉的。大概，永远也不会改变了。

更重要的是，其中有一部分人因为小时候受过一些气，他们深信，这个社会就是弱肉强食的，强大是为了以后可以欺负别人。而女性在社会上总体而言是属于较为弱势的那一方，他大概率是不会尊重女人的。

“凤凰男”具体有以下特征：

（1）出身贫寒，大学毕业，聪明刻苦，踏实上进，通过自己的努力留在城市工作。

（2）极度自负，也就是自卑。绝对不能容忍你不给他面子，无论在家里还是外面。因为他的出身低，他更要证明比你高一等。

（3）节俭到抠门。不仅是没钱，而且没钱的道理还一套一套的，还能反过来教训你。另外，你也不能花自己的钱过好一点的日子，因为他担心你太拜金了养不起你（明明是你自己的钱啊）——一定要打压你，把花钱说得十恶不赦。

（4）内心冷漠，不懂得关心人。从小就是吸母亲和姐妹的血长大，凡事考虑自己。有时是借着考虑家人的名义来行自私之事。比如，他很喜欢说“孝顺爸妈”“照顾姐妹”，并不是他多么善良，注意了，他要你、要用你的钱，来孝顺他的爸妈、照顾他的姐妹，他一点亏都没吃、亏都让你吃了，好名声还全都是他的。

（5）双重标准，他告诉你说，男女要平等，女人不仅要顾家还要自立，所以他让你在外努力工作，在家听老公的话相夫教子，孝顺公婆。这个意思是啥呢？女人既要有传统女性的一切温驯、听话、生男孩、当丈夫的附庸和奴婢，同时也要有现代女性的能干、赚钱、有情调、上得了台面。他可以更好地混吃等死。

3.“凤凰男”要把两种体系的好处都榨到极致

也许这么说，对“凤凰男”不太公平，很多男性也是这么想的，不是只有“凤凰男”才会。

但“凤凰男”有几个别的阶层都没有的特点：

（1）家境不好，需要找一个女性来垫背、补贴他的原生家庭。

（2）条件这么差还能来到城市扎根，主要还是靠着吸食父母姐妹的血。他欠了父母姐妹一屁股的人情债，得还。这种时候找对象，就是希望有女人来替他还父母姐妹的，后半生就靠吸食老婆的血了。

（3）同时受益于传统观念（举全家之力来供他读书、男人才是血脉、在婚姻中男人说了算、男人是一家之主）和现代文明，实现了阶层流动，找到了好工作和更有钱的老婆。他要把两种体系的好处都榨到极致。

● “凤凰男”的姐妹，只能是“扶弟魔”

樊胜美就是典型“扶哥魔”“鱼鹰女”：她的工作和找男友，就是为了养起父母和兄弟。

像“凤凰男”一样，“鱼鹰女”的问题既相当又不同。

“凤凰男”是从小靠着家人的牺牲，吸食着家人（尤其是母亲和姐妹）的血成功的；结婚以后，又吸食着妻子甚至岳父母家的血，来回馈亲人。

但是，在很贫穷的地方，那些退学的姐妹，或者被迫卖身嫁人甚至卖淫的姐妹的人生，已经被彻底破坏了。

而“鱼鹰女”，是从小就知道自己的血都是要被兄弟们吸干的；运气好一点的樊胜美还能读完书，好好找份工作；不仅她要继续被父母兄弟吸血，还要找一个愿意为她的家人吸血的丈夫家庭。

“凤凰男”的姐妹，就是“鱼鹰女”。

● 如何破解

1. 不嫁“凤凰男”

（1）识别出“凤凰男”，要看他们的价值观

只要是那种还有很深的乡土观念的男性，就是与现代文明抵触的。他们内心信奉“夫为妻纲，父为子纲”。不，学历再高也没有用。他们是不可能尊重女性的，也不可能尊重作为妻子的你。再多的甜言蜜语，也改变不了本质。

（2）不要试图改造“凤凰男”

只要一个男人在与你结婚后仍然秉承着“我妈不容易”“我的家族 / 亲戚 / 老乡把我培养出来不容易”，要你迁就他的父母或家族，把家庭财产源源不绝地供养他身后的家乡，那就证明，他仍然在对抗现代社会的价值观。

如果一个人从贫穷地方来到大都市，相当于从封建时代一下子进入现代社会，差距非常大；他想融入现代文明和现代伦理，可以，但一定要他自己很自觉和很努力，别人不可能改造。

（3）不要试图与“凤凰男”讲道理

因为你的道理与他的道理，是有次元壁的，是鸡同鸭讲，他听不懂。不合适，就分开。

2. 不当“扶弟魔”

如果你是被按照“扶弟魔”的模式打造出来的女孩，一直被父母兄弟们要回报，你该怎么办？

（1）樊胜美被父母拖累，她也有责任。没有斩断这个输血管道。

（2）基本原则是适度赡养父母，不供养兄弟。非常必要的父母赡养费可以给，未成年弟弟的上学费用力所能及也可以给；但买房、娶媳妇，跟你一毛钱关系都没有。

（3）你的新家庭幸福是第一位的。不把与父母的问题带进新家庭当中。

（4）现代的亲子关系，是爱，不是孝。如果父母爱你，你也回报以“爱”；如果他们压榨你，却要你回馈大量的金钱，你不爱他们，那你在尽了法律规定的义务之后（法律规定的赡养费用很低），就忘了这门亲情吧。

（5）兄弟姐妹之间，友爱，体谅，互相支持。能做好就好好相处，一味地索取你就当没有他们。

（6）最重要的一点：女性是人，不是圣母，不要因为别人期待你做道德模范你就听任其摆布。任何要求你（尤其是女孩）单方面承担的责任，一概不理。

（7）你经常给你兄弟钱，但他们觉得理所当然；有一天假设你不给了，他们会痛骂你。

• Part7 • 结婚显规则：你们适合结婚吗？

把握感情中的主动权。谁先不重要，但是，在感情当中，你应该有一条底线：你不害怕失去任何人。

你妈催你结婚了吗？

● 催婚狂和繁殖狂

每到春节，照例是各种哀号："独在异乡做光棍，每逢佳节被催婚。"单身男女青年，一到春节的时候，又想回家，又怕被父母逼婚，更怕被拖着去相亲。甚至还会出现临时"租男友""租女友"的项目。

国内婚恋交友平台世纪佳缘发布的《2016—2017 年中国男女婚恋观调研报告》显示：

1. 全国有近六成的单身男性与半数的单身女性表示曾经被父母逼婚，这一比例与 2014 年相比上升到两倍。

2. "80 后"男性与"75 后"女性感受到来自各方的逼婚压力最大；

3. "90 后"男性压力感也超过"75 后"男性，占比分别为 53% 与 51%。

中国关心下一代委员会也发布了《中国逼婚现状调查报告》。调查报告显示：

1. 河南逼婚现象最严重；

2. 广西父母最喜欢强行做主为子女安排相亲；

3. 四川父母逼婚时最喜欢全家齐上阵；

4. 上海父母则是最擅长用言语唠叨逼婚；

5. 江苏，近两成父母对儿女逼婚的频率平均每年超过 10 次，居全国最高。

6. 全国各地被逼婚率普遍在 70% 以上。一线城市反而比二、三线城市低一些。

7. 25 岁到 30 岁的被调查青年中，被逼婚率高达 86%。

8. 女性被逼婚率比男性高了 6%。

9. 3%的青年，还未到法定结婚年龄，就被父母逼婚了。

- **父母为了逼孩子结婚，能干出什么样的事？**

女白领被安排与水泥工相亲

小张目前在一家企业任职，工作待遇很不错。可惜，一直没找到合适的对象。到了 30 岁那年，小张的母亲终于“忍无可忍”，开始天天催女儿找对象，她甚至去找“仙婆”，让“仙婆”预测小张到底什么时候能嫁出去。最后母亲经人介绍听说一名工地水泥工还单身，就执意要介绍给女儿。小张毕业于北京的一所大学，她坚决拒绝了母亲的建议。母亲也为此和女儿大吵一场，母女俩就为这事闹翻了。这事之后，小张不愿意再回家。母亲则骂女儿“不孝”，说她到现在都没男朋友，父母的脸都被丢光了。小张听说，现在有亲友一问起小张的情况，母亲就后悔当初送小张去北京读书，觉得女儿读书太多了太有主见，导致现在嫁不出去。

相亲角的海归女硕士

2015 年，大龄未婚女艺术家郭盈光到全国有名的相亲角上海人民公园体验，被人山人海的父母和相亲广告震撼，她开始做调研，还搞了个行为艺术：举着征婚广告为自己相亲，没想到却遭到群嘲。人们称她为："女人过了 30 岁就像郊区房，男人有钱也不会买。"她拍下这一切，做了一组名为《顺从的幸福》的摄影作品。

而在 2018 年 3 月底，上海人民公园相亲角里，一位 1987 年生的海归男带外国朋友闲逛。他说，相亲角很魔幻，是非常好的人类学的样本，体现了人类最本质的焦虑。"剩女们的条件虽好，但信息缺乏创意，多数男人更喜欢傻白甜。"他还认为，父母在"售卖"子女信息，女人婚前"无同居史"不正常。

为什么这两则新闻的主人公都是年轻、漂亮的"海归"呢？因为只有这样的身份，才能被当作新闻传播啊。其实，平时吐槽"相亲角"的并不在少数。

春节租男友

某个千人租友 QQ 群中，不少男士贴出了个人的春节出租信息，内容涉及身高、体重、学历等基本信息及出租地点，此外，还写明了"服务内容"，诸如"应付父母和亲戚逼婚""亲嘴拥抱另收费"等。对此，记者询问了数个"出租男友"后发现，他们要价均不低，日租金都在 1000 元以上。据了解，为了防止出租过程中穿帮，双方会先互相了解信息，以应对各种形式的逼婚。

● 为什么越来越少的人选择进入婚姻？

家长们这么热衷催婚，是因为年轻人越来越不愿意结婚，结婚越来越晚。

2010年全国人口普查显示，30岁仍然未婚的中国女人有11%。同西方或亚洲发达国家如日本比较，比例不算大，但同2000年比较是一个巨大的增长，当时30岁仍未婚者只占1.2%。

美国社会学者克里南伯格在《单身社会》一书中的研究结论为：美国成年单身人口总数已经超过一半，其中有3100万人独居，占全美总户数的28%，数量已超过核心家庭，成为美国社会的主流。截止到2015年8月，美国人16岁以上的人群，50.2%是单身。

这些说明了什么问题呢？这个社会，终将从“人人都必须结婚”这种习惯法当中转变，开始接受“结婚只是生活方式的其中一种选择”。

而且，保持单身，已成为一些人的“第一选择”，而不是实在没办法才被剩下的。

著名性学专家李银河提出：婚姻制度终将消亡。这个观点我基本同意。我把她的观点列了出来，但后面的内容是我补充的：

1. 人的感情是流动的，婚姻要求人从一而终

因为一夫一妻制，是一个社会的要求，是为了社会稳定而设立的规矩。而人的天性里会有喜新厌旧的一面，出于利益等原因，被社会属性压制着。

论天性，男性希望找到数量更多的异性来传播后代；

女性希望找到基因和条件更优质的异性来抚养后代。

这都是不利于一夫一妻制的。

2. 人类寿命延长，爱情有效期难以覆盖人类寿命

在古代，不管中西方，平均寿命都很短，只有三四十岁，如果不幸在战争年代那就更短了。一段爱情保持十几二十多年，勉强吧。就算感情不好，忍一忍，十年二十年就过去了。

现在？人类动不动就活七八十岁，中国人的人口平均寿命为：男性 74 岁，女性 77 岁（2015 年）。婚姻制度要人们保证五六十年都始终爱一个人，不变心。可是，哪怕当初再浓烈的爱，又有几个人能撑得住一成不变呢。

2016 年上半年全国依法办理离婚手续的共有 168.3 万对，比上年增长 11%。2015 年依法办理离婚手续的共有 384.1 万对，比上年增长 5.6%。

3. 人们对婚姻的要求、对幸福的要求大大提高了

人类文明至少已有数千年上万年了，但真正的“人权”概念的兴起，也就是这一百年。

在没有“人权”这个概念之前，人命如草芥，死不足惜，人又分高低贵贱，活着就是忍耐；不管是经济条件还是人们的观念里，都无法满足对“平等”“公正”“自由”的要求。能生存下来就是胜利，何以奢谈婚姻质量和幸福感？

但现在不一样了。我们对生活的质量要求更高，我们要生活而不是生存，阻碍我们实现自由、幸福的东西，我们就要努力改变。如果婚姻让我们不快乐，那么我们就要把它挪开。

这是一件好事。

4. 女性自我意识的崛起，男女平等

随着社会的发展、文明的进步，女性受教育水平提高，工作机会增加，经济独立，思想也发生了变化。

她们愿意把时间花在学习、赚钱、发展事业、发展兴趣、与朋友交流、取悦自己上面，而不再是围着男人、家庭和孩子转。

同时，她们发现自己在婚姻中所获甚少，不需要男人、婚姻、家庭和孩子也能过得很好；甚至有了小孩自己也能一个人带着他健康成长。

男性完全不是必需，结婚完全不是必选项。

5. 性的目的改变了

过去，男性因为无法保证亲子关系，不得不发明出一套伦理来束缚住女性，用处女情结和守贞情结来捆绑住中国女性。

女性任何婚姻以外的性关系都是奇耻大辱，甚至会导致死亡。

当然，也不可想象在婚姻以外还生孩子。

但现代社会里的人，不得不明白了：性、爱情、婚姻、生育，四件事情，其实是可以分开的。每一件事都可以独立存在。

这里的前提是，女性的经济能力、思想成熟度都达到一定水平，她能为自己的人生负责，甚至还能为孩子的未来负责。

既然如此，婚姻的意义就相当有限了。简直就像餐厅里的若干个套餐中的一个选择了。

● 全世界都对“结婚”越来越没有兴趣了

这一点，可以参考性别平等做得较好的北欧国家，他们有“去家庭化”的趋势。

北欧国家被称为“制度化的社会福利国家”，其社会福利政策的重要特点就是去家庭化（de-familization），即降低公民对家庭福利功能的依赖。这种制度，会让更多的人选择以“同居”取代“结婚”。北欧的未婚人口已经近半，这与北欧的生存环境有巨大的相关性。

举例来说，未婚同居的男女和已婚夫妇一样，享有平等的社会地位，其子女也都享有同等的福利待遇。不论结婚与否，都会给予准父母相应的福利，比如带薪产假、陪产假、相应的医疗福利等等。

例如北欧国家瑞典，会在法律上承认和保护同居而不结婚的伴侣的权益。爱情和婚姻是可以分开的，35 岁以上没有结婚的在西方非常正常。

在西方，子女 18 岁成人独立后，对待自己的婚恋，甚至性取向都有绝对的自主权，尽管父母的意见可以给子女作为参考，但父母永远不会对子女的择偶标准提出要求，也不会出现“催婚”现象。

在国外，婚姻作为一种代表着自由意志的个人选择，能得到来自家庭成员的尊重。

● 现代婚姻出现了什么问题？

1. 婚姻是制造问题，而不是解决问题

- 结婚不能让一个人忽然变成一个好人，不能让他变得负责。

● 有了孩子，也不能让一个人渣自动变成好人。

● 结婚不能是问题的解决方式，反而会制造无穷的问题。如果没有共同解决问题的能力或决心，就不该结婚。

● 结婚是两个平等的人的结合。这种平等，不在于两个人一样有钱，有一样的地位或一样的学历、年龄，而是指大家对日后的生活有平等的决定权。

● 结婚是两个独立的成年人的结合。很多人，还是“妈宝男”“妈宝女”，三十岁了，还依靠家庭的哺乳。

2. 人人都结婚，有利于社会治安吗？

常听到一种说法：三千万光棍男，如果结不了婚，就会导致社会治安恶化、社会动乱。

我就不分析价值观问题了，也不去谈他们没有“把女人当人”了，仅从效果来看，就是毫无价值、毫无作用的。

● 由于重男轻女一直存在，而且越来越严重，男性会越来越比女性多。加上“自愿”不婚的女性，单身男性会越来越多，永远也无法结婚。

● 强奸犯全是未婚的吗？当然不是。不是还有让孕妇老婆上街，把好心帮孕妇的女生骗进家来强奸的吗？

● 性骚扰者，尤其是职场性骚扰者，绝大部分都是已结婚的。韦恩斯坦的老婆貌若天仙，还特别能干，也不妨碍他性骚扰、性侵。

● 嫖娼者也以已婚人士为主，比如娶了美貌性感的张雨绮的王全安。

• 白银案那丧心病狂的杀人狂魔，早已结婚生子。

• 在一个涉及全球多个国家的统计当中，被他杀的女性，有 50% 以上，是被丈夫、男友或熟人杀害的。

• 以上可见，男性的暴力和性犯罪（违法），不仅跟婚否无关，而且，结婚或谈恋爱了还大大增加其犯罪的可能（可能杀妻或杀女友，而陌生人杀女性的数量要小得多）。

• 拿“单身汉会造成社会大乱、强奸女性”来威胁社会、威胁女性，其实，是想让女性充当这些潜在犯罪者的人肉垫子。把对女性的伤害伪装成“家务事”。实际上，是给这些可能犯罪的人增加了犯罪机会。

结婚，并不会使一个坏人、一个人渣变好；反而，不合适的婚姻，会诱发一些潜在的暴力分子对弱者的残忍和犯罪。

● 新时代婚姻的新特点

1. 双方都有钱，经济上或地位上的联姻太重要了

当然，我这里指的是经济相对发达的地区。

比如在北京，双方家庭共同买婚房，由于房子动辄就是八百万、一千万元，简直就相当于两家上市公司合并。

以前敢说裸婚，因为房子不那么重要，也没有那么贵；只要努力，以后面包、房子总会有的。

但现在，因为房价高涨，晚两年买房，可能要多付出几百万元。意义完全不一样。在结婚的时候，双方和双方背后的家庭，作为经济

共同体出现，就尤为重要了。

对经济基础与婚姻质量的关系的研究也提供了佐证。社会学家Steven P. Martin的研究显示，从20世纪80年代开始，富人和穷人离婚率的差距正在急剧扩大。

与想象中不同，穷人实际上远远比富人更容易离婚。在1975—1979年结婚的美国人中，教育程度在高中以下、收入水平更低的夫妻，10年后的离婚率为28%，大专（college）以上学历、收入水平更高的夫妻，10年后的离婚率为18%，二者的差别并没有那么显著。而在1990—1994年结婚的夫妻中，在10年后，高中以下学历、收入更低的夫妻和大专以上学历、收入更高的夫妻离婚率分别为46%和16%。

目前虽然没有看到中国这方面的数据，但道理是相通的。当一旦离婚双方（或至少一方）的经济就可能遭受重大损失的时候，必然不想离。而且，想出轨的蠢蠢欲动的心，也会被遏制住。

2. 把时间和精力分配给家庭很重要

我们知道，现代除了买彩票（其实买彩票也需要研究彩票），你想在某件事情上有收获，基本上都需要努力和付出。

我们想要一份好工作，想在工作中变得更出色，获得更好的收益；就需要我们为这份工作付出很大的心力。

有什么理由，可以让婚姻这种重要性不比工作低、持续性又更长的东西，实现不劳而获呢？再退一步说，就算赠送给你一段好婚姻，但你不去维护和珍惜，长期相处下来不愉快，也会毁掉啊。

在现代婚姻里，投入—产出比变得很公平。如果你想幸福美满，就需要在对方身上、在这段关系里投入大量的时间和精力，来使双方在情感、精神、物质等种种方面都感到满足。

比如，你需要花时间陪伴着伴侣，共进晚餐、看电影、旅游；有孩子之后经常与家人在一起。更不必说你要付出金钱，你要付出劳动了。

那些长期不能为家庭付出的人，他们的婚姻如果没有分崩离析，也属于很糟糕的了。

● 现代人越来越恐婚了吗？

根据 the PewResearch Center 在 2012 年发布的美国青年人婚姻观调查数据，同样是在 18—34 岁的年龄段里，男人和女人在 15 年内的观念变化趋势非常不同。

认为“一段成功的婚姻是人生中最重要的事情之一”的男性从 1997 年的 35% 下降到了 29%；

而持有这一观点的女性，则由 1997 年的 28% 上升到了 37%。

在《恐惧、害怕和焦虑的百科全书》中，恐婚的定义是“对结婚或进入稳定关系的恐惧”。它的反义词是“单身恐惧症”，即害怕不在一段亲密关系中。

● 如何破解？

1. 要接受新时代：结婚和不结婚，生育和不生育，都是平等的选择。人不是必须结婚、生孩子的。当你知道这一点之后，人生就豁然开朗。

2. 理解婚姻的目的：让你生活得更好，共同结成经济利益的联盟，共同养儿，有好的陪伴，有稳定优质的性生活。当它不让你生活得更好的时候，它就不是必需的。

3. 找结婚对象，是为了幸福和快乐，不是为了结给父母看。不要为了有一个“已经结婚了”的封号而结婚。这个封号没有薪酬、没有禄位，毫无价值。

4. 性、爱情、婚姻、生育，是四件不同的事，社会上大多数人都无法同时拥有，或者不在同一个人身上，你不必太过于强求。结一个婚，不代表着你能同时拥有这四样东西，你可以一项一项地来。

如何从恋爱到结婚

● 需要为婚姻做哪些准备？

1. 了解你自己

● 首先，你要了解自己。结婚，你最需要的并不是钱（虽然也很重要），你需要的是对人生的未来规划。你知道自己是怎样的人，想要什么样的人生。你的优点是什么，哪些方面最受欢迎，最能让你充满自信，哪些方面是你的缺点，你要扬长避短。

● 其次，你要明白自己在婚姻里需要的是什么。

● 你希望的丈夫、你想要的婚姻，最重要的是能给你带来什么。你的素质能吸引来这样的人吗？次重要的是什么？

● 你喜欢什么类型的人？你缺的是什么？

● 比如，你是最看重外表，还是最看重经济条件？你喜欢安全稳重的老实人，还是浪漫的、讨人喜欢的大众情人？

● 找到合适的人之后，你要看两个人是否目标一致。

2. 了解爱情的本质

没有什么婚姻是可以单方面付出或索取的。

婚姻的付出当中，所谓的“对我好”是最便宜、最不值钱也最容易变化的。“情绪价值”不能算没有意义，但进入一段婚姻，一方除了提供“情绪价值”之外不能再提供任何其他有价值的东西，这样的婚姻也得崩盘。

了解他之前，最好先了解自己，自己的人生观、价值观、消费观是怎样的。也要去尝试了解他，关于人生观、价值观、消费观。

爱情之所以美妙和奇特，就是它能让人了解自己、打开自己，感受到平时自己都不了解的一面。好的爱情可以使人更美好。

3. 价值观最重要

价值观与人品也密切相关。人生观不一致，则根本无法相处，比如：

一个想要到处旅游漂泊，另一个却想要安安稳稳过日子；

一个想要婚后生很多的儿女，另一个却希望丁克到底；

一个想要彼此一起奋斗，另一个却想要女方在家相夫教子……

——人生观没有对错，但是人生观不同，两个人的追求也就不一样，还非要在一起，那将会是很大的悲剧。

价值观不同甚至对立的人，很难互相理解。这将是一种不可调和的矛盾。

消费观相悖，会让婚姻生活质量急剧下降。一说到钱就会有矛盾。一个人喜欢存钱，而另一个人喜欢消费，那么，一谈钱就伤感情，导致双方总是在吵架，无止无休。

此外，两个人的思维方式、原生家庭状态、工作态度、细节等等，还有最重要的，有没有爱，都严重影响着两人相处。

● 你适合结婚吗？

1. 婚姻的三要件：爱，性，钱。三项当中最少要符合两项。

最优选择是三项完美契合。次优选择要符合两项，但前提是：三观一致（有条件接受）。

努力寻找最优选择，有条件地接受“次优选择”，达不到“次优选择”不结婚。

2. 什么是三观一致？

在《纽约时报》看到美国的婚姻专家开列出的婚前必问的 15 个问题，我觉得相当好，技术性地排除了百分之九十以上的婚姻痛苦。

以下是婚前必问的 15 个问题——如果有 4 个以上双方都没有答案的话，可能需要好好调整一下两人的关系。

（1）我们要不要孩子？如果要，主要由谁负责？

（2）我们的赚钱能力及目标是什么？消费观及储蓄观会不会发生冲突？

（3）我们的家庭如何维持？由谁来掌握可能出现的风险？

（4）我们有没有详尽地交换过双方的疾病史，包括精神上的？

（5）我们父母的态度有没有达到我们的预期？他们会不会给足够的祝福？如果没有，我们如何面对？

（6）我们有没有自然、坦诚地说出自己的性需求、性的偏好及恐惧？

（7）卧室能放电视机吗？——这个可以改为：你介意对方经常打游戏吗？

（8）我们真的能倾听对方诉说，并公平对待对方的想法和抱怨吗？

（9）我们清晰地了解对方的精神需求及信仰吗？我们讨论过孩子将来的教育模式和信仰问题吗？

（10）我们喜欢并尊重对方的朋友吗？

（11）我们能不能看重并尊敬对方的父母？我们有没有考虑到父母可能会干涉我们的关系？

（12）我的家族最让你心烦的事情是什么？

（13）我们永远不会因为婚姻放弃的东西是什么？

（14）如果我们中的一人需要离开其家族所在地陪同另一人到外地工作，做得到吗？

（15）我们是不是充满信心面对任何挑战使婚姻一直往前走？

价值观不同甚至对立的人，很难互相理解。买一个两百块钱的摆件都能吵一架，没完没了，心太累。

另外，在中国，考虑到具体情况，可以加入一些对政治观念的看法，对审美的看法，对中医的看法，对直男癌的看法，对日本、美国的看法等等。这些在以后的生活中，也会有一定的影响。

● 总在吐槽结婚生活，单身真的更美好吗？

1. 是单身好，还是结婚好，因人而异

数据显示，1990 年，全国的独居人口占总人口的比例为 6%；2013 年，独居人口占比已上升至 14.6%。国家民政局统计数据显示，

2015 年底，中国 18 岁以上的单身男女人数已经高达 2 亿（《中国新闻周刊》，2015）。

据美国劳工统计局 (Bureau of Labor Statistics）统计，目前在美国，未婚人士比往年更多。2014 年，有 1.246 亿个超过 16 岁的美国人未婚，这意味着全国 50.2% 的成年人是单身。相比之下，1976 年只有 37.4% 的人未婚。

每个人的情况不一样，是单身好，还是结婚好，还是已婚有孩好，肯定是因人而异的。而且，这里面有些是主动选择，但也不排除会有部分人是被动选择的。

但这也说明，结婚并不是对所有人都适合的生活方式。

我们的社会也一直在构建关于真爱的理想传说：一个人只要回到真爱，整个人生都会得到改变，自己会焕然一新，所有的困难都会迎刃而解。

但实际上，并非如此。

一方面，我们知道，不是每个人都能找到真爱，并且跟真爱永远在一起。另一方面，即便跟真爱在一起了，也不能保证余生的五六十年里，双方永远都是真爱，只有对方一个真爱。

最重要的是，爱不是永动机，它不能解决所有问题。

2. 单身生活可能是未来主流的生活方式

纽约大学的社会学专家艾瑞克·克林纳伯格（Eric Klinenberg）在《走向单身：独身主义的崛起与诱惑》中认为，单身，正代表着自婴儿潮以来最重大的社会变革——我们正在学习单身，并由此带来了全新的生活方式。

“妇女解放、人口城市化、通信高科技化、寿命延长”——这四个趋势使如今这个时代有自己独特的文化背景，这些都助长了单身生活的流行。

单身生活不再是被社会遗弃的表现，而是通往成功的道路，因为这样才能更好地规划自己的生活与工作。此外，单身人士并不会因为单身而寂寞，单身反而可能对社交生活有促进的作用。

● **如何破解？**

1. 先过好单身。爱情和婚姻，是锦上添花，不是雪中送炭。当你一个人过得好的时候，你的魅力会大增，你有机会迎来更好的缘分。

2. 把握感情中的主动权。谁先不重要，但是，在感情当中，你应该有一条底线：你不害怕失去任何人。

3. 好伴侣，就是有共同的价值观和相近的理念的人。

4. 价值观一致，才能携手走下去；就算感情发生了改变，良好的沟通可以让你们好聚好散，最大限度地减少伤害。

学会离婚

● 中国人的离婚率有多高？

民政部官网发布的数据显示，2017 年上半年全国 558 万对夫妇新婚，同时有 185 万对离婚。

从 2002 年开始，中国的离婚率就一路走高。2002 年，中国粗离婚率仅有 0.90‰，2003 年达到 1.05‰，到 2010 年突破 2‰。当前数据显示，2015 年粗离婚率为 2.8‰，是 2002 年的 3 倍多。

国家民政部统计显示：中国离婚率十强城市分别是北京、上海、深圳、广州、厦门、台北、香港、大连、杭州和哈尔滨。其中，北上深广位居前四。

其中，女性主动提出离婚的占大部分。

● 你是否理性地了解婚姻的本质？

1. 中国人对《婚姻法》常有误解

婚姻的实质是什么？一个经济合约。法律只能保障其中的经济关系。

澄清一个误解：

《婚姻法》当中，出轨者不算是婚姻当中的过错方，不会因此而少分财产。

我国《婚姻法》第46条规定：“有下列情形之一，导致离婚的，无过错方有权请求损害赔偿：重婚的；有配偶者与他人同居的；实施家庭暴力的；虐待、遗弃家庭成员的。”

如果你的另一半存在“与他人同居”的情形，你可以主张损害赔偿，但是这一条在现实生活中由于难以收集证据（必须是合法证据，偷拍录音和偷拍的隐私视频要作为非法证据被排除），法院难以支持。

即便你能有合法证据证明两人发生过关系，也没有用。因为这与法条中规定的“与他人同居”是不相符的，法律规定的同居行为是指长期稳定地共同居住。

所以，请大家对婚姻有一个理性的了解。

2. 结婚时就应有应对离婚的能力

正如所有的合同都会有“违约责任”一样，应该在结婚时就知道，你能面对离婚的生活。

所以，结婚之前就应该对可能的离婚有个打算，或婚前财产协议，或者划分清楚经济界限。

而且，你知道法律只关心婚姻当中的经济关系之后，一旦婚姻不和谐了，你应该明白，你要做的不是去单位闹，要“负心郎”给你个说法，而是马上收集资料，尽快转移财产，或尽快找到最有利于自己的财产处置方式。

感情不在了，很伤心，但是如果钱也亏了，那才叫倒大霉呢。

3. 结婚没有门槛，但离婚的门槛很高

这个社会，对于催婚催育，特别热衷，甚至尽量减少结婚的门槛。

包括婚检时，严禁医生告诉对方准配偶身患传染病（如艾滋病），认为这是当事人的隐私。

但离婚的门槛很高，越来越高。经济、孩子、法律人为地抬高门槛。甚至直接在办理离婚的程序上制止离婚。比如，有民政部门员工假装打印机坏了不办理离婚，这种渎职行为反而被表彰；有的民政部门把男方将刀放在女方脖子上威胁的婚姻劝和了，并且登报表扬；有的民政部门创造性地发明了“冷静期”，并使这个方法得到推广。

婚姻自由是宪法赋予公民的基本人权。但现在社会却在普遍地妨碍人的基本权利。

有某些情况下，还有可能造成严重后果。举几个例子：

（1）董珊珊被家暴，多次报警，几次出逃，但未能成功离婚，终于被丈夫打死。大量被严重家暴的女性因为“婚姻自由”被人为破坏，无法离婚，面临生命危险。

（2）未到 18 岁不能离婚。也就是说，即便是强迫童婚，也已是事实婚姻，你无法离婚。

（3）当一方没有工作、没有生活能力的时候，不允许离婚。

这一条，不排除立法者是想过保护女性，因为传统都认为女性靠男性养着。但参考中国的现实，中国是全球女性劳动率最高的国家，这一点对女性是没有保护作用了。而且，这意味着，大量没有“正式工作”的农村人很难离婚了。

余秀华成名之后，终于跟丈夫离婚了，非常开心。

多年来，她一直想离婚，离不了。为什么？“没钱。”

不是余秀华没钱、要人养。错。而是她没有那么多钱，在养起自己的情况下，再出钱养起前夫。

在她出名之后，收入高了，送了丈夫一套房子，终于成功离婚，余秀华简直像重获新生一样。

一个健康的男人，要一个脑瘫的女人送一套房，才肯离婚。别的女人有没有这么幸运，能离婚？

当然，另一方面，也要看到，有一部分男性渴望与妻子离婚，却无法成功。这对他们同样是一种折磨。而对于拖延着不肯分手的妻子来说，这种单方面的婚姻生活的质量是非常差的。

● 最常见的离婚原因

1. 无性婚姻

说到底，婚姻的三块基石就是经济、爱与性。性生活上有问题，婚姻就瘸了一个脚，因此而离婚是很合理的。

实际上，很多以“感情不和”为名离婚的真正原因，就是无性；那些因出轨而离婚的人里面，往往也是因为“无性”才出轨。它可以说是婚姻的头号敌人。

这里有一些数据。

● 美国调查显示，美国近 20% 的夫妻属于无性婚姻，有 2000 多万对夫妇一年中性生活的次数不足 10 次。

● 德国调查显示，德国人平均每年的性爱次数达到 139 次，但同时，1/3 的夫妻很少有性行为，而且大部分无性婚姻者年龄都在三四十岁。

● 日本厚生劳动省认为，没有性生活或每月性生活少于一次的夫妻，即为无性夫妻。数据显示，日本有 35% 的夫妻属于这个群体。

● 英国调查显示，英国 20% 的成年女性从未尝过性爱是何滋味，10% 的受访女性承认一年做爱次数不足 3 次，60% 的受访者每月做爱次数已减到一两次。

● 我国调查显示，每月性生活不到一次的人数超过 1/4，在最近一年中一次性生活都没有的夫妻占到 6.2%。中国男人平均到 37 岁就只能保持每年一次的性能力，而中国女性性机能障碍的发生率大致在 35% ～ 60% 之间，有 23% 的女性曾受性冷淡困扰。

2. 其他的重要离婚原因

● 出轨：单方出轨或“半开放式婚姻关系”（即只有一方有权利享受开放式关系，一方可以告诉另一方他的艳遇，但另一方可能从来没有过）

● 家庭暴力（冷暴力、性暴力、肢体暴力、语言暴力等）

● 情感破裂。这是一种非常百搭的理由，很难量化，但真实存在。

● 婆媳不睦。不少夫妻离婚是因为婆媳关系不好，特别是丈夫对自己母亲的话言听计从，或者丈夫毫无主见、当旁观者，让婆婆和妻子的关系越来越恶劣。

● 购房需要。这甚至成为北上广深等“限购”的城市最常见的离婚理由。假离婚，真趋利。有些人想通过离婚规避高首付，并能享受支持刚需购房的利率优惠。

案例 1：美国一位婚姻家庭治疗师温娜·戴维斯发现了一种叫作“妻子出走综合征”的现象。在美国大约有 2/3 的离婚是女性提出来的。

很多坚决离婚的女性是在忍受了多年苦闷，最终觉得毫无希望后才决定离婚的。提出离婚的女性大致会经历这样一种模式：

在婚姻的一次次挫折、年复一年的失望中，妻子会开始悄悄探寻这段婚姻的“撤退之路”。这种撤退，包括：“等孩子再大点就离婚”，“如果我遇到对我真好的人，我就坚决离婚”，“我不爱他，就当是和他合租的人”，“就当是多一个人抚养我的孩子”，“等我可以工作了，我会坚决离开这个男人”……

在铺设这条路的时候，妻子的精力不再放在他们的婚姻上了。

有些妻子真的打算离婚，但是她们会在精神上和丈夫离婚，比如把全部精力放在孩子身上。

案例 2：亦舒有一部小说《曾经深爱过》，讲的就是这样一个故事：

周至美与妻子利璧伽郎才女貌，结婚八年，感情很好，是所有人眼中理想的模范夫妻。可是，周至美到家后两天才发现，妻子已辞职多时，把珠宝首饰和房子变卖，把银行保管箱清空，并办理了在美国的大学的退学手续。她彻底失踪了。他一无所知。

周至美有钱，工作体面，英俊，人品好，不花心，顾家，尊重女人；是很多女人暗恋和追求的对象。但故事展开，人们才知道，他虽然“爱”妻子，对其他女人的投怀送抱坐怀不乱，但实际上，他对妻子和对这个家庭一无所知，毫不关心。

两人从新婚之夜开始分房睡，平时不说话，也没有交流；偶然的交流是挖苦妻子。妻子已经把自己的东西全搬空了、精力全部撤退了，丈夫天天与妻子生活在一起，竟然以为两人感情很好。这样的丈夫非常完美，但是毫无灵魂。

我写过一篇介绍这部小说的文章，很多女读者表示，这就是她们的现实生活。

可能，很多女性都希望来这样一场“失踪之旅”。

● 离婚后女人会贬值吗？

1. 先解放自己，婚姻就从来不是问题

西蒙娜·波伏娃说：“婚姻是她得到供养的唯一方式，也是证明她生存之正当性的唯一理由。有两个原因使她必须结婚：第一，她必须为社会提供孩子；第二，女人也有责任满足男性的性要求，为他料理家务。社会加在女人身上的这个义务，是要求她给予配偶的一种服务。而男性作为给女性的报答，则应当给她送礼、娶她或供养她。”

但是，现在，对于要求人人平等、自由、个体发展的今天，这些问题就不是必需的了。

女性能独立地生活，也就应该独立地按自己的意愿来生活。

过得好，比保持婚姻重要，自己开心，比讨好对方重要。

2. 教育与就业，让女性单身有可能

在中国和南亚的多数国家，婚姻仍然普遍，98%的男性和女性会选择结婚。相比之下，在一些西方国家，30 多岁的人中有四分之一是同居或从未结婚，有一半会至少离婚一次。婚姻在亚洲仍旧普遍，仍然是生育的普遍前提环境：2007年，日本只有约2%的新生儿是未婚出生。欧洲正相反：在2008年的瑞典，55%的新生儿是未婚出生，而在冰岛这一份额占到了66%。

据研究，在大多数东亚和东南亚国家，很少或没有人选择同居。唯一的例外是日本。

教育和就业，能够给予妇女更多的自主。

东亚妇女的教育在过去30年中，有了显著的改善，妇女几乎消除了与男子的识字差距。在15—24岁的人群中，男女两性的文盲率几乎是相同的。在韩国，每年的硕士学位有一半授予女性。

（1）受教育的女性经济更独立，更不愿意结婚。

（2）随着教育的普及和城市化进程的加快，女性的生活有了各种各样的可能，降低了女性的结婚倾向。

（3）对女性来说，就业，成为比结婚更有吸引力的事。

在东亚，三分之二的妇女有工作，收入高。在东南亚，这一数字为59%。在韩国，20多岁妇女的就业率（59.2%）超过了男性（58.5%）。这种激增伴随着日本和韩国公司的终身雇佣制度的崩溃。

拥有一份工作，就增加了女性的自主权。她有更多的选择，这些选择包括没有丈夫。

但更多的女性的选择是，在工作和家庭的冲突要求之间寻找平衡，比如中国。

● 如何破解

万一离婚了怎么办？别想怎么留住人了，先留住钱吧！

我一再强调，结婚之前，要先看《婚姻法》，尤其是财产分配的部分。

心里已决定离婚了，更要看《婚姻法》，以及别人的财产分配案例，尽可能多地收集有利于己的证据。这个证据，与其是证明对方“不忠”“出轨”的证据，还不如是你为这个家花的钱（尤其是房产、公司、股票）的证据。后者比前者，更利于你争取自己（包括孩子）的利益。

很多离婚并不会闹上法庭，你如果有证据，也可以令对方妥协，为自己争取最大利益。

有必要时，花钱找好律师，这个钱是有必要的。

常见的误区：谁出轨谁就净身出户。

这是不懂法所致，会导致很多盲目行为。一旦抱有这种错误意识，等你想离婚的时候，你会发现你无法多分财产，甚至，财产早被对方转移干净了，净身出户的是你。

· Part8 · 防小三：中国已婚女性的必修课？

防患于未然，不是教你看他手机、监督他有没有出轨。你的人生不是以他为重心，而是自己。建设好自己，才是最好的防患于未然。看好钱。而且要提前看好钱。安排好孩子。学会放飞自我。

出轨是婚姻的“标配”？

● 出轨有多普遍？

一组来自美联社的数据，很惊人：在一生所有的亲密关系中，至少出轨过一次的男性和女性都超过 50%。41% 的已婚伴侣中，有一方或双方承认有过身体或精神出轨。22% 的已婚男性婚后至少出轨过一次，14%的已婚女性婚后至少出轨过一次。

同事是出轨的高频对象（14% 的已婚男女和同事有过性关系）；出差则是出轨的好时机（35% 的已婚男女承认在出差时有过外遇）。

假如可以永远不会被发现，有 74% 的男性表示一定会出轨，68% 的女性表示一定会出轨。

一段婚外情的平均持续时间是 2 年。

当然，也有一个值得深思的数据：在婚外情被戳破之后，有 31% 的婚姻持续了下来。

上面是美国的数据。中国的呢？

千万别乐观。

人大教授、著名性学专家潘绥铭在调查后声称，“中国婚外情比率全球第一”。

潘绥铭从 2000 年开始，每 5 年进行一次全国范围随机抽样调查。结果显示，每 7.5 个妻子中就有一位出轨，而丈夫们的出轨数量则是妻子的3倍。另外，增速也很快。在2000年，男性出轨率是11.8%，到了2015年变成了34.8%。而到了2015年，女性也快达到15%。

由于这个问卷是抽样调查，我怀疑，由于样本的选择问题，数字偏保守了。

从日常生活中大家关心的话题来看，似乎男性出轨，是一件很家常便饭的事情，他们的妻子们为之痛苦，为了小三，经常闹得鸡飞狗跳。电视剧不都是这么演的吗？生活中的八卦不也多是如此吗？

但实际上，女性出轨，比例也相当庞大，男小三也很多。

只不过，男性对妻子的出轨，为了尊严，更加耻于作声；而女性对丈夫的出轨，会选择（一定范围内的）公开讨伐，以获得同情，令丈夫回心转意，或者更加忌惮。

民政部官网发布的数据显示，2017年上半年全国558万对夫妇新婚，同时有185万对离婚。排名第一的原因是，出轨。

据调查，在中国，50.16%的离婚是由于第三者插足。

调查显示，在中国，出轨的女性中，全职妈妈的出轨率最高，为18.6%（其中67%的全职妈妈出轨是为了寻求激情），其次是教师13.8%，医生8.6%，文秘7.2%，设计师6.1%。

而在男性出轨的职业中，排第一的居然是IT男，万万没想到IT男是出轨率最高的，出轨率占比10.6%，其次金融业8.2%，教育业6.5%，医生4.6%，律师3.8%。

另一个数据是，腾讯问卷曾经做了68119人的有效调查，发现

60.2% 的男人和 38.1% 的女人曾经出过轨，但男性和女性的出轨对象有着很大的差异。

女性出轨主要集中在同事、朋友和同学，还有前男友，陌生人不多，而男性出轨的对象更多的是陌生人。

而且，女性出轨的时间更多的是集中在和丈夫吵架、冷战时期。

而男人出轨的原因和与妻子的感情关系不大，更多的是在没有特别的情况下出轨，随时随地出轨。

这说明，女性的出轨与感情有关，是在情感受挫时，或与熟人有感情时，更可能出轨。

而男人选择的常是陌生人，或者机缘巧合、合适机会下的朋友、同事和熟人，不一定有感情。

● 出轨需要理由吗？不需要吗？

我看到关于这个问题的各种分析。但看了半天，我觉得什么“负面情感过多”“性生活不和谐”“寻求刺激和新鲜感”等等，都没有什么意思。

最直接的答案就是：出轨，根本不需要理由。维持不出轨，保持对婚姻的忠诚，才需要理由。

因为人的天性里，就是渴望多偶制的。这一点，无分男女。

1. 从生物进化角度来说，一夫一妻符合人类本性吗?

2002 年，动物学家、心理学家 Barash 和精神病学家 Judith Lipton 等人合做出版了 *The Myth of Monogamy*（《一夫一妻制的迷思》）一书。在书中，他们研究了近 5000 种哺乳动物，发现绝大部分物种倾向于多配偶制，且这种倾向并没有体现出雄性和雌性的区别（此前有一些观点认为，男性会更倾向于多配偶制，因为精子数量远多于卵子，相对来说更加“廉价”）。只有 3% ~ 5% 的动物物种有和同一配偶建立起一生的稳定联系的习性，比如狼、狐狸、水獭等，也包括人类。即便如此，当这些动物的配偶突然死去或者失去性能力时，它们也会迅速找到新的伴侣。

而“一夫一妻制”之所以被人类社会采纳，有它的社会原因——以家庭为单位，分担经济压力，共同抚养后代——而这种制度不一定是符合生物本性的。

从动物性来说，男性希望能与更多的女性发展性关系，以达到广为传播后嗣的目的。

女性也希望能精挑细选，与更优秀、更强壮的男性发展性关系，让男性为后代提供更好的资源。

不过，这都是较为原始的本能。人在经过千年万年的社会化之后，再经过制度的设计和制衡，达到现代社会的一种平衡：一夫一妻制最符合当代社会发展的稳定。而且，由于法律保护“夫妻”这样的经济共同体，所以，双方互相忠诚，是最符合社会意义上的共同利益的。

2. 人类社会里，出轨有没有成本?

但是，以上是理想状态，指的是夫妻两人的社会地位、经济能力、性格脾性完全势均力敌，谁都不能轻举妄动。而且，还必须是夫妻之间是没有其他矛盾、没有其他问题、仅靠经济制衡就足以约束的。

但是，我们知道现实当中，夫妻双方的强弱并不完全一样，性格也不一样。强势一方出轨，弱势一方不敢声张。或者有时候为了维护完整的经济共同体，不得不忍受。

另一方面，现实社会当中，我们能够接触到的各种各样的人越来越多，参与的社会生活越丰富，就越有可能碰到不同的感情。这种情况下，如果考虑到：

- 被配偶发现的可能性不高；
- 因此而婚姻破裂的可能性很低；
- 万一婚姻破裂，这种损失我也能承受。

那么，出轨就成为比“守身如玉”更好的选择。至少会带来快乐。

另一种可能，即便有可能在事后遭受的损失超出预期，但人是有侥幸心理的，他 / 她的判断可能是“值得”。又或许是非理性的决定。

但最重要的原因是：这个婚姻双方的感情非常有限，忠诚于对方太不划算了。

这往往是根本原因，只不过很少有人这么想罢了。

在两人感情特别浓烈，一日不见如隔三秋的热恋状态，是不会出轨的（除非是性瘾者）。

而感情不好，有机会的时候要出轨，没有机会也要创造机会出轨。

但因为种种牵绊，直接因为感情不好而离婚，又犯不着。

腾讯与智联招聘曾发布《2017 年中国白领满意度调查报告》，其中有一个图表是 2017 年白领性生活情况的统计表。从这个统计结果可以看到，居然 40% 以上的已婚白领，每个月性生活不到一次。

“中国性学教父”潘绥铭接受《人物》访问，谈到中国夫妻的性生活现状时，发布了这样一组数据报告：

27—35 岁的人当中，有 10% 的人从来没有过性生活，而女性增幅远远高于男性，而且还在继续飙升。

这种情况下，出轨就很寻常了。

● 为什么中国男人的出轨那么普遍？

泛泛而论，人都有动物性，都渴望寻求多偶；但人又有社会性，如果不符合当代社会规范的“一夫一妻制”，社会会从经济和舆论等方面给予他制裁；他又不得不收敛。

虽然全世界各国都不乏出轨的男人和出轨的女人，有各种情况的婚姻，各种情况的出轨，但中国有一点比较特殊：在社会舆论中，男性出轨并不是一件丢人的事，甚至在某种程度上是值得炫耀的；但女性出轨则是非常丢人的。

双重标准。

男方为什么出轨？

实际上，在中国的语境当中，男性的出轨，“生物性”并不重要，重要的是“社会性”，某种默契的规则中，允许，甚至是鼓励男性多获得伴侣。

1. 获取和占有更多的性资源，是男人成功的一个标志。而“美女”，是最重要的一种资源。大家赞赏的并不是婚外的“爱情”，而是他又掳获了一个新猎物，好成功。

2. 而且，这种“猎物”，在不同圈层里，也有一些客观标准。比如，情人年龄越小，男人越厉害；情人越美貌，男人越能干；情人越是女官员、女老板、网红、主播、主持人、小明星之类有点身份的人，男人越被羡慕。

3. 男性实在太闲了。不出轨没事干，尤其是有点“成功”的男性，可以从家庭当中豁免，他们无须关心家庭，无须带孩子，无须做家务，说一句“我要加班”“我要开会”“我要应酬”，就可以出去玩了。

4. 精神太空虚。多数男人的人生理想和追求都只与事业有关。准确地说，是与金钱、权力和地位有关。但升官不易，发财想翻倍不易，只能维持现在的小成功小嘚瑟；没有前途没有动力。而中国的婚姻里，并不在乎“爱情”这种东西，靠的是责任，而且是妻子的责任来维持的。这种情况下，只能靠外面的新鲜的女人来证明一下自己还是活的，还能动一动，借此装点如死水一般的人生。

5. 中国的“性自由”，是单边“性自由”，男性有性自由，甚至，他们当中有些人一点都不介意妻子知道自己的情人，或者要求妻子与情人友好相处。他们认为在外面玩玩很正常，但不能容忍妻子也和自己一样。

6. 由于中国对女性很不友好，离婚女性遭受到这个社会非常多的恶意；而男性普遍没有带孩子的习惯和能力，为了孩子，很多女性宁愿在婚姻内长期忍受，也不愿意离婚，男性有恃无恐。

这种情况下，出个轨，是他们人生的一种娱乐活动。

更重要的原因是，中国女人太自卑。不管平时是凶悍还是温柔，一般丈夫出轨之后，她自己或者是社会习惯，都要求她反省自己，都要求她做得更好、更体贴。也就是说，丈夫的出轨，会换来妻子的加倍体贴。这样的情况下，谁不想出轨，我要是男人我也想。

中国女人被规训得不敢离婚，不敢说出自己的需求。这样，她们只有忍耐一条路了。

● 出轨男性的妻子都是什么样的？

男性出轨，一定是因为贪图年轻美貌吗？当然不是。查尔斯王子与戴安娜王妃婚姻的存续期间，他的“小三”卡米拉，各方面都“远远不如”戴安娜。但那又如何？

她们有各种情况，也可能是与男方处于类似地位、对等地位的能人，比如，《人民的名义》当中，高书记的妻子是大学教授，也是著名的明史专家，在社会地位上，与高书记是很合适的。

也有可能是地位明显处于下风的普通职员，或者家庭主妇。

也有部分的妻子能力、经济条件、地位比男性更高。

总而言之，妻子能干，就认为妻子不顾家，不温柔，太强势，所以出轨，找温柔。

妻子温柔、贤惠，就认为妻子无情趣，整天只顾着孩子，没有共同话题，所以要出轨，找灵魂伴侣。

妻子又能干又温柔，就认为妻子太完美了，给他的压力太大，让他内心不安，所以要出轨，寻找心理平衡。

总之，如果不是妻子有问题，我好好一个男人，何必出轨呢？

长期处在这种话语体系之下的女性，也会反思：我到底应该怎么做，才能挽留住丈夫的心？

结果呢，越是出轨，越是得到妻子更好的款待。

这种社会风气之下，我要是男人，我不出轨，才对不起自己呢。

● 关于出轨的双重标准

荒唐的是，社会和出轨男人自己为他们所找的借口常常是：妻子把精力过多地放在孩子身上、忽略了自己；妻子变得蓬头垢面、不再具有性魅力；妻子停止了个人成长，以至于他们不再有共同语言。

被出轨的女人也接受了这种说辞，反而去检讨自己哪里做得不对。然后她们在养育孩子造成的时间和精力困窘之外，还要操心形体和魅力的问题。可是，如果男人自己去做家务、带孩子，妻子何至于"堕落"至上述模样？得了便宜还卖乖，特权者的通病。

● 如何破解？

1. 不要把婚姻看得太重要，不要把男人看得太重要，也不要把家庭看作自己的唯一。

2. 丈夫出轨，并不算什么很大的事。你可以根据实际的情况，果断分开，或者继续在一起。都很正常。

3. 如果大家都没有感情了，离婚是一个不错的选择。但如果还有感情、彼此间还有牵绊，你们可以在他是过错方的情况下，达成一些默契和交换，或者是一些契约。

4. 道德谴责是最愚蠢的，你们能不能继续在一起，只在于两点：感情如何？经济结盟情况如何？

5. 婚姻当中，有无数的大风大浪，都比出轨严重。但女人很容易抓小放大，抓不住问题的重点。

6. 为什么正常男性很少整天担心女人出不出轨？因为他们的世界更大，没这个闲工夫。婚姻之外，你有更多值得追求的东西。你会发现，你对婚姻没有必要那么专注了，即便有问题，处理起来也能有主动权。

为什么中国每个已婚女人都在“防小三”?

● 放大了婚姻对女人的重要性

在对女人经年累月地成功洗脑之后，婚姻对女人有了本质性的意义。女人是依附于婚姻而存在的，讨好丈夫，是她的终身使命，没了婚姻她就不能活。

所以，不能让丈夫抛弃，是拼了命也要守住的底线。有“小三”，就是婚姻亮出的红牌。

但即便丈夫有了“小三”，还是要想方设法把丈夫拉回来的，婚姻还是要保住的。所以，很多女性才在脑子里没有任何是非观念，把过错全推在外面的女人身上：

都是那个狐狸精勾引我男人。都是她在抢男人。

但这一类的“大房原教旨主义”，很少去想，她自己是谁，她想要什么。她们只爱婚姻，不爱丈夫，也不爱自己和孩子。拼了老命，也要把牌坊抢回来。

● 女性被刻意培养得缺乏性魅力

由于女性的婚姻是天下第一重要，日常生活中要照顾家庭、照顾孩子，同时很可能也要挣钱养家。这一类女性，她们的社交范围极大地萎缩，没有时间也少有机会再去接触别的男性。同时，她们也再无精力了。母亲的身份也给婚外性造成阻力，因为母亲是一个无性的角色，孩子也会参与到对她们贞操的监督中去。

这个结果是什么？

她丧失了性魅力。一旦婚姻失败，她在婚恋市场上，价值是很低的。没有贞操、年龄不小、性别歧视，往往也没有多少钱，而且主动压抑性魅力。这样的女性，会认为自己无法再找到婚恋对象，不可能再进入婚姻。

也因为如此，当下的这桩婚姻对她来说就更意义非凡了。

● 孩子和经济，是女性最实际的问题

在中国，太多的女性丧偶式育儿，一旦离婚，哪一种选择，都极为艰难。女性带走孩子吧，不负责任的父亲有可能不给抚养费，一个人又要上班赚钱又要带娃，几乎难以找到合适对象了。

但不带走孩子吧，既担心父亲是否能尽职，又想念孩子，何况这个社会对女性的道德绑架已经内化了，母亲比父亲在照顾孩子上不得不具备更强的责任心。

为了孩子，是一个最常见的理由。但也不能说这个不重要。

经济上，就更明显了。婚后的女性不是不工作，而是很多工作都是不计薪酬的家务劳动和带孩子。而且，还得为了家庭而放弃部分事业，自然也会导致收入下降。一旦离婚，这一关也不好过。

综上种种，在中国这种两性观念畸形的地方，男性离婚似乎损失不大，女性离婚就像是丢了半条命。男女双方面临截然不同的未来图

景。离婚能给事业有成的男人造成的损失有限，却会让女人陷入社会关系、情感和经济的三重贫困中。这也是很多女人宁可忍辱吞声也不离婚的原因。

也别怪那些“大房原教旨主义者”了。她们不知道是真傻还是假傻，有时面对渣男，离婚是最正确的。但是她们懒啊，无法面对了，只能靠死不离婚来忍着了。

● 中国独有的“单边性自由”

只有千年做贼的，哪有千年防贼的？

出轨的只是男人吗？男人出轨的对象都是男人吗？有这么多出轨的男人也就有这么多出轨的女人啊。

有些人说，他们出轨的对象是未婚女性啊。即便是这样，你想想看，到底有多少年轻女孩跟已婚男人在一起，这些女孩就不可怕了吗？

为什么很少男人担心自己的老婆出轨？为什么不宣传男人如何提高自己的魅力、防止老婆出轨？为什么他们不需要整天研究如何不被男小三打败？

原因只有一个：男女不平等导致的双重标准。男人的成功标志，是“家里红旗不倒，外面彩旗飘飘”，把出轨当成一种本事，可以拿出来炫耀。而女人，只能在家里贤良淑德。哪怕女性出轨了，也会深埋在心里不会说出来。

这是中国独特的单边性自由。男人可以明目张胆，女人不可以。

● 如何破解

1. 平等的婚姻，才值得缔结。

2. 婚姻和生育，不应该妨碍女人的美丽、性感、智慧，始终保持魅力。这不是为了吸引或留住丈夫，而应该是你的自我需求。

3. 孩子，是你们两个人的，多让男方带孩子，你留更多的时间打扮自己，提升自己，做自己喜欢的事。别把孩子的事或家务大包大揽，男人闲得无聊就会出去撩骚了。

4. 多培养和增进夫妻感情，有更多性愉悦。

5. 你们可以有属于自己的性观念，不必与大众一致，只要双方真诚自愿。

有没有一种防出轨的灵药？

● 怎么样才能让我男友（老公）不劈腿（出轨）？

这是一种观念错误。不存在的。

每个人都只能保证自己过得好，而不能保证对方一定按你的心意行事。

两性亲密关系中的“性权”很重要，但不是最重要的。再优秀的人也无法保证一辈子几十年能拥有对方的性专属权。你能做的，只是确定你有面对问题的能力。

记住，你要做的，是没事时让自己开心，有问题时把损失减到最少。如果有余力，可以在自己过得更好的情况下，让他为过错付出经济上的代价，对你做补偿。

你能做的，你过得怎么样，比维持婚姻重要得多。

1. 女性应该确立主体性

重点在于我喜欢什么样的男人，我喜欢男人什么样的讨好我的方式。

随时保留离开一个男人的能力，即便在有了孩子之后。

当然，不是叫你动辄离婚，就算你有这个能力也仅是多一种选择。比如，希拉里没有离开克林顿的能力？当然不是，只不过她在两种选择当中没有选“离开”这个选项而已。

但如果一离开男人就天崩地裂，活不下去，不管是精神上还是经济上，你就没有任何制衡的可能，也没有资格谈判。男人在你头上拉屎撒尿你也得忍。

2. 为什么男人出轨了，反而会得到女性更多的体贴？

这岂不是一个恶性循环？

男人出轨了，可怕吗？也蛮可怕的，证明你们的感情或者婚姻都有了重大问题。

但女性往往在传统的规训之下，更担心婚姻结束，更习惯于从自身找原因。而且，想打败小三，赢回丈夫。

这就意味着，男人出轨之后，很可能会得到妻子更温柔的款待，会得到更好的照顾。女性的这种惯性，让男性觉得，不出轨，不玩一玩，都对不起自己呢。

3. 感情丢了还好，钱不能丢啊

首先是老生常谈的——经济独立，除此之外，要保护好合法的夫妻共同财产，谨防恶意财产转移。没有经济独立，也就没有自由可谈。在当前这个职场对女性充满恶意、《婚姻法》不承认女性婚内无偿劳动也不予补偿的制度环境下，谨慎选择为了家庭和孩子辞去工作，尤其是长期做全职妈妈。仅满足于有一份工作也不够，要奋斗，追求职业前途。

4. 孩子怎么办？

家家有本难念的经，难就难在，很多没有正确答案，全在于个人权衡。

父母感情出问题当然影响孩子。但也没必要以“为了孩子”为借口，过着生不如死的婚姻生活。孩子是聪明的，他能感觉到的，这也会让他痛苦。

还不如坦坦荡荡，该分手的分手，该告诉的告诉。孩子要的不是空壳的“家庭完整”，而是父母的爱和关照。如果他能在你们两个人身上感觉到你们俩对他的爱，不会因此而疏忽他，孩子并不会介意父母寻找各自的幸福生活。

单独照顾孩子当然很辛苦，但也会因此感受到更多快乐。

至于离婚后小三转正，你气不过，想报复——你那是闲得慌吗？

5. 丈夫出轨，你有必要做“完美媳妇”吗？

我先来讨论一种谬论。网上有一种 Ayawawa 教。这个教的核心是：升 MV，降 PU。什么意思呢？就是说，你要很漂亮、很聪明，比较有钱，有一点事业，条件很优秀，要带出去很有面子。这是伴侣价值，要高。但同时，你又不能太漂亮，不能太聪明，不能太有事业，不能太优秀，要让男人觉得你是他的奴隶，愿意为他服务，带出去不会吸引别的男人。这是亲子不确定性很低的表现。就是说，你要极为优秀，给男人面子，但再优秀也要看起来有奴隶的本分。

她说，男人最喜欢娶这样的女人。

古代的牌坊精和贞节烈妇，虽然惨，但人家可以免赋税，还有各种优待条件，是真金白银的。

现在，人人可以离婚，你再贞节，再坚守你的“正妻”牌位，也拿不到牌坊，连表扬都不会有。

● 如何破解

发现出轨怎么办？等死？忍耐？随时离婚？

等事到临头才去做出反应，顶多只能局部止损；一方出轨，对另一方的情感、人生，都会造成很大的损失。这只能是下下策。所有事情只能防患于未然。

这里的防患于未然，不是教你看他手机、监督他有没有出轨。你的人生不是以他为重心，而是自己。建设好自己，才是最好的防患于未然。

看好钱。而且要提前看好钱。

安排好孩子。

学会放飞自我。

愚蠢的错误犯得越多，你就越惨

● 打“小三”，好蠢

在中国的社会环境和法律环境下，弱势者得不到制度保障。离婚对女性来说是非常惨痛的，经济利益几乎不可能得到保障；女性只能把婚姻视为一切，死活不肯离婚。于是，新时代的“大房原教旨主义者”就被培养出来了。

最有效的策略，就是诉诸道德的力量，把性道德视为万物之源，作为评价一切的唯一标准。而在这种性道德当中，男性的道德责任比女性要低很多。

因为，这些“大房原教旨主义者”认为，出轨是男人的天性，是普天下男人容易犯的错误。而只要女性不主动勾引男人，她们的男人就还是乖宝宝。

这种观念当然经不起任何推敲。首先，你的男人不是一个任人摆布的东西，也不是四肢瘫痪半身不遂，他有手有脚，他不是被女性强奸的，他的力气比女性大，怎么可能发生关系了，他是纯洁的乖宝宝？难道是女人下药迷奸他的？

何况大多数婚外恋当中，是已婚的男性更主动地追求未婚女性。

另外，跟你签订婚约的，是你的丈夫。你当然应该追究违约方。外面的人，又没跟你签合同和婚约，你管得着人家吗？

这种“大老婆”立场，具体的表征往往是这样的：

没事的时候诅咒明星中的“渣男”，攻击网络上的“小三”，表明自己对感情走神“零容忍”，要求净化社会风气，营造出“一旦出轨、天地不容”的舆论空间。

但一旦遇到自己的丈夫出轨了，就转换为“忍、忍、忍”的模式，虽然会有哭闹，但是小吵怡情嘛。

其实，不能说这些女性很蠢。因为在没有法律保障的情况下，她们知道谁是不能惹的，谁又是弱势。

很多案例告诉我们，有一些女性把“小三”打伤了，更有甚者，把“小三”毁容了，杀死了。结果是，两个受害女性，一个伤，一个坐牢；其中犯错的核心人物，拿着与妻子的共同财产，迎娶小四、小五。他从中占便宜了。

● 成年人了，你要学会闭嘴、解决问题

1. 贤惠不是美德，平等才是美德。

贤惠的另一个意思就是蠢、好欺负，任劳任怨。你不去欺负人，但也不能任人摆布。

老公不是你的主子，是合作对象。如果一桩婚姻当中你们不能互相制衡，缺乏平等决策的机会，这桩婚姻就是不合适的。

2. 成年人了，你要学会解决问题。

少抱怨，多实干。闭上嘴，该干吗干吗。抱怨不仅不能解决任何问题，而且会给你造成一种错觉，抱怨完心里舒坦了就以为问题解决

了。其实没有，它是麻醉药，越拖机会成本只会越高。

3. 婚姻是分还是合？你可以决定。

人生艰难。我并不敢说每一段心猿意马过的婚姻一定要马上离婚，才算是道德洁癖。不管东方西方，被公开抓到出轨的婚姻里，被“绿”的那一方也仍然愿意维持婚姻，是非常常见的。

但你尝试一下，不用借口（比如说为了孩子），而分析一下你不想离婚的真正原因（比如说，你没钱，你迷恋他的性能力，你担心离开他再也找不到男人，你真心爱他爱到无法介意他的过错），然后再做决定。

4. 你永远不可能禁止男人出轨，但你应尽可能保护自己的经济权益。

你一定要在家庭财产当中占据主动。自己挣的钱，才是真的钱。别以为老公把工资单上交给你就算完了。每个月几千、仅够生活费的才会上交工资，要是你丈夫每月挣个十万八万，你能拿多少？《我的前半生》里，罗子君看似有很多钱可以消费，但离婚了，却拿不到什么钱，生活拮据。

摸清家里的各项投资和财产。掌握流水。如果他是老板，公司的重大变更你需要知道。这是共同财产，并不是你在管他。

当然，这个世界上还是有无数种生活方式，有的人认为肉体出轨没什么，有的人宁愿对精神出轨睁一只眼闭一只眼。有的人选择开放式关系，允许双方在伴侣以外开展自由的性关系；有的人则认为，两个人应该在一段关系中从一而终。

你有选择权——前提是，你有的选。

● 如何破解

无过错方如何掌握议价权?

1. 别开口闭口“让他净身出户”。

一看你就没有读过《婚姻法》。根本没有这条法律。反而是，人家早有二心，提前转移财产，让无过错又愚蠢的你净身出户更简单。做得隐蔽的话，法律根本不会支持你。

2. 不打草惊蛇。

发现有踪迹了，你不要作声，假装不知道，悄悄地找律师朋友，保留他出轨的证据；更重要的是，你要率先想办法转移财产，不要打草惊蛇。这说明，你平时需要有自己的交际圈子和社会关系，不要等事到临头没主张。

3. 摊牌时机。

等你证据也有了，财产能转移的也转移了，再跟丈夫摊牌。——注意，找“小三”谈，没意思。过错在于跟你立有婚约的丈夫，而不是外人，你丈夫违约，跟外人没关系。再说了，没有这个“小三”，他还会找下一个“小三”的。你骂“小三”，他又没损失，对他没有震慑力，他并不那么介意。

4. 谈判谈什么?

如果你跟丈夫还有感情，还有利益关系，不想离婚，你可以给他机会。但他一定要知道，他需要付出什么样的代价。如果他已经足够让你失望了，你财产在手，让他滚一边去。如果他还纠缠不清，你还能比他更狠。

5. 孩子不是你软弱的挡箭牌。

你的无能和容忍，对你的孩子没有半点好处，别再说是为了孩子好。

我的总结是：在婚姻当中，钱的重要性，超乎你的想象。比起出轨之类的情感问题，骗老婆的钱、黄赌毒和家暴，应该是绝对底线。女人别当圣母。

再重复一点，保住婚姻不重要，保住你的人生幸福以及金钱，才重要。

首先要维护自己的利益，其次要维护孩子的利益。

· Part9 · 生二孩，只需要准备子宫吗？

生二孩，是在你对目前的人生游刃有余之后，增加的一个乐趣，增加的一份爱；而不是在你迷茫时、绝望时、无路可走时的救命稻草。

大数据告诉你，为什么要催生二胎

● 生育率持续走低

1. 生得少

国家全面放开“二孩生育政策”一段时间之后，从各方统计和反馈的数据来看，民众反应并不十分理想，还没有达到预期效果。

春节时最让人感到生无可恋的是，正在为养育一个孩子艰难生活着的女人，本以为挺过了被逼婚的那些年，熬过了被逼着生娃的窘境，好不容易婚也结了，娃也生了，那些三姑六婆总和我没关系了吧，但她们很快会发现，又有人来问了：“什么时候生二胎呀？”

那些还没有第一胎的，将会更惨地成为大家逼问的重点对象。

自 2010 年至 2015 年，我国平均生育率只有 1.2。即便假设生育率被低估 10%，近几年的实际生育率也不到 1.4。即便是 1.4 的生育率，也意味着每一代人出生人口将减少 36%。而且未来十年生育能力强的女性数量开始急剧减少，以后还会更低。

在严格实行一胎化之前的年代，中国每年添新丁 2600 万左右，到了 2000 年前后，下降了四成，每年只生 1600 万左右。放开二胎后仅仅回升了 200 多万，与现实的期待相去甚远。

调查显示，当中国人的生育率达到 2.2 时，也就是每个育龄女性要生 2.2 个孩子，才会缓解人口老龄化趋势。

2016年，全国妇联开展了“实施全面两孩政策对家庭教育的影响”调查，却得出了一个言行不一的强烈印象。范围包括北京、辽宁等10个省(区、市）的0 ~ 15岁儿童的父母。调查结果显示：有生育二孩意愿的为20.5%，不想生育二孩的比例为53.3%，即一半以上的一孩家庭没有生育二孩的意愿，发达地区尤为突出。

2. 不想生

这几十年来，由于计划生育根深蒂固的影响，人们常常认为中国人口太多了，“少生一点”才好。是这样的吗？我们来看看，中国的人口密度为193.6人/平方公里（2011年）；日本的人口密度为338人/平方公里（2006年）。日本的人口密度比中国大多了。但现在，日本正陷入“低生育率”的困境当中，对日本的未来有严重的威胁：“日本2015年‘国势调查’结果显示，日本总人口数为1. 27亿，比2010年减少了94.7万人。据分析，日本每年死亡人数高于出生人数将近30万。目前日本的出生率是0.83%，在全球排名倒数第五，总和生育率为1.46。按这个趋势，到2048年，日本人口将下降到1亿人以下，到2060年将下降到8674万人。到2500年，即500年以后，日本将只有1000个人，接近于灭绝。”

日本如此，密度远不如日本的中国，也将如此。

而且，中国是未富先老，各种养老保障体系、社会安全体系和卫生医疗体系都很不成熟，面对的将是更严重的问题。

● 为什么大家都不想生？社会越发达，生育率越低

1. 文化因素

世界上生育率最低的几个地区分别是澳门（0.94）、香港（1.19）、新加坡（0.82）、日本（1.41），这些传统上有多子多福观念的地区，现在却普遍陷入了极度不愿意生孩子的境地。有人就此展开种种原因的分析。

这些国家及地区都属于东亚“儒”文化圈，传统上女性地位很低，婚姻中对女性的剥夺和控制特别严重，所以会有“多子多福”这样的文化；但到了现代，传统婚姻中男性仍然按惯性把女性地位放得比较低，但偏偏女性又已经开始工作、有了收入、接受了一定的现代平等的教育，所以她们格外地反对这种生育文化对女性的剥削，不愿意生孩子。

简单地说，就是文化落后、经济发达的地区，如东亚诸国（包括中国），生育率最低；文化先进、经济发达的地区稍好，因为对女性的各种保障体系做得比较好（如欧美等国）；文化落后、经济落后的地区生育率最高，因为女性没有生育的选择权，儿童死亡率高，整个社会创造财富的能力远不及创造人口的能力强（如非洲一些地区和诸多落后国家）。

其实，越是个人独立，个性自由，这个社会的生育率就越低。繁衍和生育，是种族延续的需求，是社会文化传承的需求，唯独不是个人的需求。而且，为了这种社会需求，个人，尤其是女性还得为生育和孩子的养育，投入巨大的金钱与精力，是不划算的。

2. 经济因素

生育率高低主要还是经济问题，经济发展程度与生育率基本成反比。

现在经常听的一句话就是："房价是最好的避孕药。"

3. 女性地位提高

女孩子受教育程度越来越高，所以生孩子成本越来越高，女性失去工作的代价也越来越大。例如，各个地方纷纷为女性度身定做，出台了花样繁多的延长产假、哺乳假、待产假、备孕假，甚至例假假、更年期假……有的则出台了政策，要求企业增加产假补贴、提供二孩补贴云云。

这种"催产"方式，意味着越来越多的女性将在职场更加受阻受限，生育的成本都由女性承担了。

既然生育成本高，那就不生了。

4. 生养孩子的高成本

没有房子，没有学区房，没有好的户口，不敢轻易生孩子。

而且，现在好的教育非常昂贵。养育孩子，要考虑公共服务因素；育儿成为一项复杂而昂贵的家庭工程。

现在，"穷什么不能穷孩子"，"不能让孩子输在起跑线上"，已经成为社会的共识。幼儿园学费、早教班、兴趣班、家教，还有孩子们的社交活动、周末郊游、假期旅游、夏令营等，都成为家庭支出的重要部分。

一项对全国 10 个城市有 3—6 岁儿童的家庭的大样本调查显示，

家庭学前教育总支出为 1454.92 元 / 月；在高收入阶层家庭（家庭月收入超过 10000 元），学前教育总支出高达 2583.7 元 / 月，占家庭收入的 18.17%。

上海的研究表明，家庭中子女的花费远高于父母，0—16 岁子女各阶段的年抚养成本都在 13000 ~ 19000 元，在家庭总支出中所占比重在 39% ~ 51%。家庭收入水平越高，子女的开销越大。

5. 婚姻不再稳固

随着离婚率的提高，婚姻不再是一个一劳永逸的事情了。即便有了孩子，离婚也是家常便饭。再加上，国家的《婚姻法》及相关政策，并不保障女性和母亲这个身份的各种权利；越来越多的女性对生孩子抱有顾虑：如果将来我们离婚，那我还不如不要孩子；一旦离婚，赡养费和孩子的抚养费都不能得到较好的保障，女人和孩子的生活都会受到很大的影响。

6. 养儿防老，不再现实

生孩子成了纯粹的奉献。

现代社会里，父母与孩子不再绑定了，各自都有独立的人格。孩子（不管男女）都无法成为父母养老的真正依靠，法律规定的赡养费用也很低。父母养老，最终还是得靠各种社会或商业保障体系，而不是孩子。

相反，碍于传统的压力，父母在子女成年之后，还需要供给他更多的教育经费（比如留学），还要帮他买房，给他带孩子。动用自己的资源，扶他一程。

也就是说，如果从古老的“生养孩子是一种投资”的观念来看，生孩子是绝对亏损的。

只有经济、时间、精力、爱心等真的都有剩余的家庭和女性，才会愿意生孩子。

● 如何破解

1. 生孩子不再是天经地义，只是一种可能。无论是男性还是女性，你都多了一个选择：不生。

2. 不生有不生的好处，生有生的快乐。

3. 假如你不想生，你可以有更多的时间和金钱，去过自己想过的生活，提前安排好养老保险等。

4. 假如你和丈夫都想生，你需要在安排好自己的养老保险之后，为孩子准备好足够的经济条件。而其中占支出最大的部分就是教育。

5. 有了孩子之后，你最好能成为你的孩子的表率。

6. 无论是母亲还是父亲，都要花足够的时间陪孩子。所以，你得把你的人生计划扣除掉这些时间。

生孩子需要理由吗？不需要吗？

● 逼婚逼娃的深层逻辑

著名心理学家武志红，曾经谈过为什么中国的父母喜欢催婚催娃。他的看法是：

结婚生子，构成一个完整家庭，这样就貌似活得像个正常人，像个完整的齐活人。如此一来，内在的不完整、内在的破碎心灵，就可以逃避了。

比起嫉妒、竞争和比较心，比起孝道，也许这是父母催婚催生的更为深层的原因：就是用完整家庭的表面事实，去逃避破碎的深层事实。

很有道理。

由于生育这件事，生的过程全程由女性承担，育的过程大多数由女性承担，所以，女性对于生育的观念，有更重要的意义。

● 给我一个生孩子的理由

很多人不是因为喜欢孩子、向往孩子，而是因为“结婚生子是人生的必经阶段”“每个人都必须生孩子”才生的。

当有了不生孩子的选择之后，生孩子本身就成了一种选择，而不是必然。你真的想好了要不要孩子吗？

我的理解是：生孩子，是因为你理解了孩子在你人生当中的意义，而且，你为这个孩子的到来做好了准备。

● 生孩子，最重要的准备不是经济条件，而是丈夫

1. 你的丈夫是个什么样的人?

你能跟你的丈夫坐下来一起商量各种大事吗？他是一个理智的人吗？他对你的感情深吗？万一将来你跟孩子有大病时，他会是一种什么样的态度？他能担得起生活中的风雨吗？

这些，是对他的人品和他对你的感情的判断。如果他人品不好，或者对你无情无义，你就别白费心思生孩子了。

我看到的案例里，太多是因为丈夫出轨、丈夫家暴或者丈夫对她没感情，妻子就想生一个孩子来挽留他。太蠢了。这样的丈夫不会因此而爱孩子也不会爱你，你无法束缚住他，反而会束缚住自己。对孩子来说也太不公平了。

曾经有一个新闻报道吴绮莉与成龙的私生女儿已第四次离家出走了。此前这个吴卓林多次报警、把妈妈送进警局，还自残、住院两个月。实际上，最开始就是因为吴绮莉生下她的时候，只是出于赌气，只是把她当作证据。这毁了母女俩一辈子。

2. 你们准备好了足够的物质条件吗?

当然，不是说人人都要让孩子上私立学校或者出国留学，不是说人人都要买学区房。普通的公立学校也没问题。但是你在经济预算里，要给孩子留下一定比例的教育经费。最简单的，雇用月嫂和居家保姆，或者老人来带孩子，你要能负担得起。

3. 最宝贵的时间资源如何安排?

有了孩子，最缺的不是钱，而是精力和时间。谁来带？保姆费用谁出？——如果丈夫不愿花时间带娃，你要么就想办法改变他，要么就干脆别生。守寡式的带孩子方法会让一家人心理都不正常。

4. 孩子与你的地位是怎样的? 你对他的培养期望是什么?

能不能把孩子当成一个平等对象来看待，决定了你能否培养出人格独立的人。假如孩子的爱好与你们的期待完全不同，你能接受吗？如果他的性取向跟你们期待的不同，你能接受吗？

现在最大的问题是，什么东西都要考证，但难度最大的“为人父母”，却不需要考证，这是没道理的。所以，大家一定要先好好学习之后再生孩子。

● 第二个孩子，要还是不要？

现在生育的核心人群是八〇后女性，她们也可能已经生完第一个孩子了，现在还是嘀咕：放开了二孩，要不要再生一个？

生二孩还有一些理由，比如，想让孩子有个伴儿，将来如果遇到困难，可以互相支持；等自己老了，两个孩子也可以分担养老的责任。这种想法在感到孤单的独生子女一族中，尤为强烈。

再比如，想要儿女双全。尤其是重男轻女的家庭，只有女儿，急切地想生儿子。

还有一种：现在经济不景气，作为女人，事业上没有什么突破了，甚至准备辞职，生一个孩子，当作自己的“事业”。

女人事业上没出路，就去生孩子，这不能说是错的。她相当于是再找了一份没有工资的工作，作为对丈夫、对家庭的一个交代，也算是对家庭的一个贡献。

但是长远来看，事业没起色，还为了生孩子要辞职，本来经济上就已经够紧张了，再生一个孩子，意味着经济上的压力进一步增大。除非你丈夫的经济条件非常好，多一个孩子，教育资金等各方面完全没有问题。

女性在生了第二个孩子之后，再出来就业，更是非常艰难。你面临着以后转行当家庭主妇的风险。

以“工作不顺利，所以生孩子”这种理由生二孩，麻烦会很大。

还有一种理由，是说不出口，却普遍存在的：因为重男轻女，家里要你生二孩——本来，进入一个重男轻女的家庭你就输了，生了也就算了，还要二孩。万一二孩还是女儿呢？万一要你堕胎呢？生下来的是弟弟，你是要你的女儿替你的儿子打工吗？

别觉得你又不虐待女儿又让她上学的，不重男轻女；你能够把财产对半分给儿女，不偏心吗？

别把你的婚嫁失败的代价转嫁到女儿身上，太坑人了。

还有一种类似的答案：因为丈夫出轨或家暴，急切地要再生一个二孩来挽留丈夫的心。

这种丈夫，从一开始就不是一个良人。你不会捆住他或束缚住他，你只能束缚你自己，还害惨了孩子。这种智商，基本上就是害人害己了。

子宫是女人的，女人才有决定“生”的权利。这一点，不管是老公、公婆、亲爸妈威逼利诱都没有用。你不想生，就不要给别人生。

● 如何破解

最适合要二孩的人群，最好具备以下的条件：

保证你是发自内心喜欢孩子的。

与丈夫的感情相当好。与大孩子的相处，也证明父子、母子能处理好亲子关系。

各种月嫂或者保姆、老人的安排，从经济上，到居住环境，再到沟通交往都没有问题。

最关键的是，你已经有自己的事业规划。生二孩的女性大都已有三十岁，这正是发展事业最好的阶段。当然你也可以不上班，但仍然应该有自己的人生，除了孩子之外有自己的安排。你成熟，有能力把这个事情安排好。

生二孩，是在你对目前的人生游刃有余之后，增加的一个乐趣，增加的一份爱；而不是在你迷茫时、绝望时、无路可走时的救命稻草。

婴儿会说，我只是个宝宝啊，我救不了你啊妈妈，我也很绝望啊。

女性需要有子宫道德

● 小心生孩子的“母职惩罚”

平衡家庭与事业是个伪命题：因为母职要付出代价。

什么叫母职惩罚 (motherhood penalty)？这是一个著名的社会学术语，概括了有孩子的女性在职场遭遇的系统性弱势。

以美国为例，无数的调查数据表明，有孩子的女性在升职前景和工资水平上，远低于没有孩子的女性。在 30 岁以前，美国女性的薪资水平几乎与男性持平，而一旦过了 30 岁，当大量女性开始生育，性别收入差便急剧拉大。这种由母职造成的职场代价，被称为“母职惩罚”。

这个词，在中国，含义远远不止于此。

简单地说，因为你生了孩子，这个社会将在方方面面对你进行惩罚：将在你的升学、就业、工作、升职当中对你进行阻击。在家庭中，也将因为你有孩子而严格限制你的自由。可能有厉害的那批女性能够逃脱，但更多的在这个途中就倒下了，认命了。

更进一步，你无须是个生了孩子的母亲；只因为你是个女人，将来总有做母亲的一天，那么，从你出生的时候开始，社会已经预备为你将来可能当母亲，对你进行惩罚了。

以几个非常成功的事业女性为例。

《纽约时报》前记者安·克里滕写过一本畅销书：《妈妈值多少钱：世界上最重要的工作为何不计薪酬》。她曾是一名成功的职业女性，但在生育后一度职业中断。做了妈妈以后的她发现，越是受教育程度高的女性，越是对孩子的养育更重视、投入更多心血。养孩子其实是天下最辛苦、最需要技术的劳动；但每天带孩子累到不行的她，却一再被周围人认为没有在工作，没有创造价值。

普林斯顿大学的女教授安妮·斯劳特，在《大西洋月刊》发表了引起一时轰动的文章《为什么女性仍然不能两者兼得》，谈到为什么男人可以轻松地事业家庭兼得，而女人却不能。根本原因就是，育儿和家务劳动仍然被默认是女人的责任、视家庭为敌人的工作场所文化，以及儿童照料机构和服务的缺乏。

安妮·斯劳特是一位出色的公共政策学者。克林顿政府期间，她被任命为政策计划部主任，成为历史上第一位担任此职的女性。然而在那期间，她不得不每周在住址新泽西和首都华盛顿之间跑来跑去，只有周末才能回家。但她也是两个男孩的妈妈。她的丈夫一个人搞定两个孩子非常吃力。两年结束后，就在政府试图提拔她担任更高职位之时，她选择了放弃。她要回家陪孩子。

如果这个世界顶尖的职业女性都必须为了家庭而牺牲事业，那普通的女性，为之牺牲了多少东西？

如果女性自身无法摆脱“我如何才能平衡家庭与工作”的迷思，始终将家庭责任扛在自己身上，则无法真正将自己从家庭劳务和时间贫困中解放出来。

其实这里就回答了一个问题：为什么不需要问男人如何平衡事业和家庭呢？因为只要做好了事业，就是对家庭的贡献了呀。但育儿和家务劳动仍然被默认是女人的责任，你除了你的工作之外，还要做好育儿和家务劳动，你的时间要合理地分配给事业和家庭，当然需要平衡的技巧。中国女性的家务无薪酬劳动平均比男性每天多出 2.5 个小时，还没算隐性的操劳。

男性的工作，就算是为家庭负责；女性的工作，就是妨碍了家庭，她需要为家庭付出更多才能弥补。

● 孩子影响夫妻关系

你以为有孩子，你做出了很大牺牲，就能拉近夫妻关系吗？错！

美国的统计显示，生育一个孩子将使一对夫妻离婚的概率，增加 37%。生育越多孩子，离婚的概率越大。在美国，将近一半的婚姻以离婚告终，将近一半的孩子会经历父母分离，约 43% 的孩子在生父缺席的情况下长大。此外，全国性的调查数据显示，2014 年，在 40—44 岁的美国女性中，有 15% 从来没有生过孩子。

研究还表明，更多数量的孩子，会使育儿对伴侣关系的负面影响翻倍。有多个孩子的母亲，比只有一个孩子的母亲，更不幸福。

在对比了有孩子和无孩子的伴侣之后，研究者发现，有孩子者中面临伴侣关系质量下降的，是后者的两倍。

并且，养育孩子对婚姻和人生造成的沉重代价，主要落在母亲身上。

研究还发现，不论男女双方婚前各自做多少家务，哪怕是平均分担，一旦进入婚姻尤其是有了孩子，男性所干的家务与婚前相比并不会增加，而女性在家务和育儿上的投入却直线上升。

● **孩子影响职业前景和经济独立**

在职业发展黄金期养育两个孩子所需的时间成本，不难想象。

而且，以后的企业不愿意雇用育龄期的女性。这将进一步加剧女性对男性的经济依赖、降低她们在婚姻和家庭内的地位。

这种情况下，带孩子的人一旦离婚，就连孩子都要不到。

电影《找到你》当中，毕业于重点大学的高才生朱敏，嫁给富商后生子，于是辞职在家带孩子；结果她的富商丈夫在她孕期出轨，让她净身出户，而且要求剥夺她的抚养权。理由是，她没有收入，不能照顾孩子。

在不保护婚姻共同财产的中国社会里，没有独立的经济能力，不仅没有对家庭的话事权，也是没有资格照顾小孩的。

● **生育越多，与长辈的关系就可能越差**

由于低龄幼儿和入学前儿童一直需要成人的陪伴，如果不是有全职妈妈（爸爸）的话，不是每个家庭都请得起保姆的，或者未必能完全放心保姆，毕竟还有一些教育习惯的问题。

如果是两个孩子的话，可能就算有全职妈妈，也得再请人。

中国社会里最常见的解决方式就是，请爷爷奶奶或者外公外婆来带孩子。

但是，家庭不得不三代长期生活在同一屋檐下。如果生育二孩，则意味着三代共同生活时间被拉长了，总共要至少六七年的时间。万一有的还有保姆，或者让奶奶与外婆一起来，这样的生活质量，可想而知。

再说一点：难道老人就不该有自己的生活了吗？这其实也是伤害了他们的利益。

● 如何破解

女性需要有子宫道德。优生是女性的责任。

子宫是女人的，生不生，女人说了算。——能力越大、责任越大，你有子宫，必须为人类的繁衍负责，不能随便生，要择优。

这三种情况，你生孩子就是害孩子、害自己、害家庭。

一种可能：女人事业上没出路，就去生孩子。她相当于是再找了一份没有工资的工作，作为对家庭的一个贡献。——风险极高。有断了自己职业生涯的可能。

一种可能：与丈夫感情不好，生孩子来挽留——这是自杀行为，还连累两个孩子。

一种可能：重男轻女，非得追生儿子。——害人害己，没有责任感。

生孩子，现在还是一只脚踏进鬼门关吗？

● 孕产妇死亡和孩子残疾的风险

老一辈经常说：女人生孩子，就是一只脚踏进了鬼门关。即便到了科技和医学昌明的今天，在世界上任何国家，孕产妇死亡率都不是零。

这二十年来，中国的孕产妇死亡率，确实已降低了，已接近了发达国家水平。但仍然不容乐观。据《纽约时报》中文网的一篇文章报道，2015 年我国孕产妇死亡率为 $20.1/10^5$，但仅 2016 年上半年，孕产妇死亡率就已达 $18.3/10^5$，同比增长了 30.6%。孕产妇死亡率变化很大，跟放开二孩、高龄产妇急剧增多有关。

生育死亡的原因有多种。有一些是医学技术上的尚未能真正解决的问题，比如先兆子痫。一些是伴有严重的大出血、其他并发症，未能挽救生命。

这两者都属于医学问题，目前的技术尚且做不到百分之百保证安全。

不过，中国的孕产妇死亡事件当中，不少都是在不正规的诊所，或者干脆没有去医院。为什么没有去？

这里就有另一个与社会观念密切相关的问题了：孕产妇，有没有身体自主权？

● 孕产妇有身体自主权吗？有生命权吗？

1. 现代女性生育还有很大风险吗?

2017 年曾有一件很轰动的新闻：8 月 31 日 20 点左右，陕西榆林市某医院住院部 5 楼，26 岁待产孕妇马某从楼上坠下身亡。当时，还有病人家属和医院各说各的理的“罗生门”。

但不管院方和家属方谁的责任更大，都不能回避这个事实：“生产期间，产妇因疼痛烦躁不安，多次强行离开待产室，向家属要求剖宫产”，不管是因为院方还是家属方的拖延，“最终产妇因难忍疼痛，导致情绪失控，跳楼”。

这个血淋淋的例子，引起了大讨论。产妇，在生孩子的关头，也许是在准备手术了，也许已经进入麻醉状态，她的生命和手术的许可权，不仅在医生手中，也在家属手中。曾有一句流传非常广的话“你是保大人还是保小孩”，引起过多少产妇的恐慌啊！

2. 剖宫产由谁决定?

2011 年世界卫生组织颁布的 OECD Health Data 全球各国剖宫产率显示，中国的剖宫产率为 46.2%，高居世界第二。从医院的角度来看，目前中国医院剖宫产的费用大大高于自然分娩。

这也导致了不少人认为，医院可能会为了创收，鼓动产妇们多进行剖宫产。一方面，这导致了剖宫产率大大上升；另一方面，也导致不少产妇家人认为，医生的建议不可信，还是想要用省钱的方式。

但是，在大医院里，一床难求，孕产妇多得排不过来、来不及做手术、来不及接生，哪里还有时间再骗你做大手术。

所以，现在的说法又改变了，认为是医院不让产妇剖宫产。果壳网主笔游识猷发表博文称，“剖宫产率是医院考核指标之一，如果超出了某个范围，卫生部卫计委医保局会找医院麻烦，而医院会找医生麻烦，比如直接扣工资扣奖金”。

在“二孩”、全面“二孩”放开之后，不断有媒体报道，高龄产妇的比例有所增高，大型三甲医院和妇幼专科医院的产科，抢救第一胎为剖宫产、第二胎因疤痕子宫再生育所导致的大出血的病人越来越多。

国家卫计委最新公布的监测数据也显示，全面二孩政策实施半年来，全国孕产妇死亡率出现升高趋势，2016 年上半年全国孕产妇死亡率为 $18.3/10^5$，同比增长 30.6%。

医学的问题，这里也无法细说，但应该提到一些共识：

● 没有证据表明，顺产或剖宫产对婴儿的智商有影响。

● 生孩子不是买菜。顺产还是剖宫产，应该看医学指征，而不是听信迷信，更不该由不懂科学的普通人、病人家属来做判断。

● 产妇的命，应该掌握在医生手中，而不是家属手中。

● 中国女性的剖宫产比例过高，与中国女性较弱的体能、不够健康的生育观、过于巨大的婴儿，以及种种迷信行为有关。

● 由于中国的无痛分娩严重缺位，一些痛苦的产妇不得不把剖宫产作为减缓痛苦的一种替代方式。

3. 为什么无痛分娩缺位?

对于中国的产妇而言，“怕疼”是她们要求剖宫产的一个重要原因。麻醉医生表示，从医学专业的角度来看，使用 VAS(Visual Analogue Scale）视觉模拟量表，0 分代表完全不痛，10 分代表最痛，有高达九成以上的产妇表示产痛的疼痛指数超过 8 分。

但是，还有无痛分娩啊！目前国际医学界应用最广泛的方式是在孕妇脊椎的硬膜外腔注射麻醉药，这种方式下，产妇的头脑依旧清醒，麻醉仅仅阻断产妇腰部以下的痛觉神经传导。

然而，比起剖宫产和顺产，无痛分娩的利益小，医院人手又不足，便显得更加难以推广。记者任芳在 2004 年的一篇新华社的文章中提到，“尽管相关技术 20 年前就已经成熟，但中国年均 2000 万名产妇中，迄今累计只有约 1 万名享受到了无痛分娩，比例不到 1%”。我没有查到新的数据，但普遍反映，中国无痛分娩的比例还很低，哪怕是在大城市里。

而中国国家卫计委人口宣传教育中心主任姚宏文指出，无痛分娩在英国、美国已达到 85% 以上的普及率。

还有，中国的剖宫产生育，为何会占比这么高？其中一个原因是，用可以实施麻醉的剖宫产逃避顺产的痛苦。

实际上，大量仅仅为了镇痛而选择的剖宫产是不必要的，并且会增加下一次妊娠和分娩的风险，主要有产妇大出血和并发症的出现。

4. 比疼痛更可怕的观点。

这些观点，你是不是经常碰到？

母亲痛苦一点，想到孩子的来之不易，就会更爱孩子。

人人都是这么过来的，就你怕痛，这么娇气？

女人都能忍痛，没什么大不了的。

没有经历过痛苦，就不能感受当妈妈的幸福，就不能算是女人。

……

这些观点都很坏。古代还没发明麻药呢，你们男人做手术为什么要麻药，古代人都能挺得住，为什么你们就这么娇气呢?

——女性不是生来受苦的，尤其是在生育，她为家庭承受苦难的时候。

而且，以为妈妈越痛苦越爱孩子，是个荒谬的结论。《左传》里有名的故事“郑伯克段于鄢”，起因就是郑伯的妈妈在生郑伯的时候难产，受了很大的苦，所以很讨厌他，偏爱他的弟弟，终于导致国家的内乱。

简单地说，这就是不把女人当人，尤其是丈夫、婆家不把女人当人的具体表现。这是趁她脆弱、生死关头的时候，侵害她的生命权的体现。

在有些家庭当中，女性的地位很低，完全没有话事权，很多丈夫或婆婆，不想花钱。虽然无痛分娩只需几百元或一两千元。

他们认为，媳妇的痛苦甚至生命，不值这笔钱。

中国社会科学院专家李银河表示：产妇分娩是否痛苦，反映了一个社会的文明程度。为产妇减轻痛苦，是对生命个体的尊重，也反映了一种生育文明。

● 女性生育风险须知

孕产妇死亡率即每万例活产或每十万例活产中孕产妇的死亡数。从妊娠开始到产后 42 天内，因各种原因(除意外事故外）造成的孕产妇死亡均计在内。

国家卫生计生委主任马晓伟曾公布，2017 年全国孕产妇死亡率下降到 $19.6/10^5$，婴儿死亡率、5 岁以下儿童死亡率分别下降到 6.8‰和 9.1‰，妇幼健康核心指标总体上优于中高收入国家平均水平。目前，中国在这方面，已经接近发达国家的水平了。发达国家的孕产妇死亡率为每 10 万例 14 人，而发展中国家是每 10 万例 290 人，国家之间的差距很大。各国国内的高收入者和低收入者之间以及城乡居民间的差距也很大。

自 1990 年以来，世界各地的孕产妇死亡率已经下降了 44%。但我们还是不得不面对这样一个问题：不管概率多低，女人仍在因生产而失去生命。

从世卫组织的数据来看，全世界每天约有 830 名妇女死于与妊娠或分娩有关的并发症。截至 2015 年底，大约有 30.3 万名妇女因此死亡。孕产妇死亡原因中，并发症有 75% 在于：

大出血（大都是产后出血）；

感染（通常是在分娩后）；

妊娠高血压（子痫前兆和子痫）；

分娩并发症；

不安全的人工流产……

这些并发症大多是在妊娠期间出现的，且大多可预防或治愈。

除此之外，贫困、路途遥远、缺乏信息、服务不足、文化习俗……这些都是妨碍妇女在妊娠和分娩期间接受或寻求医护的因素。

除了死亡以外，还有多种事关女性身体健康的严重伤害。

比如，阴道撕裂和侧切、子宫脱垂、肠粘连、产后腹直肌分离等。

● 有必要全面了解风险，不盲目进产房

有时网上会有一些关于分娩和与生产风险相关的视频；这其实是一种知识普及。它对于那些准备生育的女性来说，是有必要的；就像服药之前最好了解一下禁忌和副作用，体育比赛之前最好了解一下可能的风险一样。

但往往在评论里会有一种很明确的声音：不要看，不要去了解，否则你就不想生孩子了。它是不利于让你想生育的。

这种观念，就像是卖药的，不想把禁忌和副作用写在说明书上，因为担心别人因此不再买。

但你说，能不写禁忌和副作用吗？能够不知道后果就盲目生育吗？道理是一样的。

● 如何破解

1. 谨慎生育，谨慎生育，谨慎生育！

2. 在准备怀孕之前，请确认，你的健康和安全，比胎儿的健康和

安全，优先级更高。一定是先保大人再考虑小孩。虽然，胎儿的健康和安全也是应该极力争取的。

3. 先了解你的丈夫和你的公婆、你的父母，是把你的健康、安全放在第一位，还是把繁殖放在第一位？如果这一点不能确定，或者得不到你想要的答案，先不要生。

4. 在你的经济条件内，去妇产科最好、最安全、最舒适的医院。

5. 找到好医院，信任医生。听医生的安排，尤其是事关手术等专业知识上。他的见解比你的老公或者其他家人的见解重要。

6. 如果没有其他医学上的问题，顺产时尽量无痛分娩。

旗帜鲜明地反对“坐月子”

● 你相信吗？有这么多人因为“坐月子”而死

2010 年，山东潍坊一产妇因中暑被凌晨送到医院抢救。最终，该产妇不治身亡。

2014 年，南京鼓楼医院收治了一名 39 岁的产妇，她是在家“捂月子”。其后，这名产妇一直处于植物人状态。

2015 年，澎湃新闻报道产妇不敢吹空调，温州严重中暑 29 例。

2015 年，上海奉贤区一产妇因“坐月子”中暑死亡。在她产后，家人相信产妇应该“捂月子”。产妇遵循家人意见，在不开空调的房间内休息，并盖着棉被。之后被送院不治身亡。

2016 年，温州网报道，有产妇中暑身亡。

同样的事件还发生在乌鲁木齐、南昌等地。

● 坐完月子，身体垮了

许多人认为产妇体质虚弱，须静养，让她们长期卧床，甚至连饭菜都端到床上吃，其实这种做法弊多利少。

1. 增加子宫脱垂的风险

因为膀胱肌张力降低，对膀胱内压的敏感性降低，加上外阴切口的疼痛等影响，产妇容易并发慢性尿潴留。

当腹压增加（如咳嗽、用力排便）时，子宫有可能会沿阴道方向下降而发生脱垂。

产后长期卧床，还会使得肠蠕动减弱。一些月子习俗常常使得产妇的饮食里缺乏纤维素。这些都容易造成产妇便秘。便秘时用力排便的动作会导致腹压的升高，增加发生子宫脱垂的风险。

2. 下肢静脉血栓和肺栓塞

产妇在怀孕和产后的一段时间里，血液都处于高凝状态。如果较长时间不活动甚至长期卧床，血液很容易在下肢静脉等血流缓慢处凝集，形成下肢静脉血栓，出现下肢水肿、疼痛的症状。如果下肢静脉血栓发生脱落，随血流运动回到心脏，可能会阻塞肺部血管，造成“肺栓塞”。这是最危险的并发症之一，可能危及生命！

尽早下床活动是非常必要的。产后活动应当循序渐进，早期下床慢步行走即可，适应之后再逐渐增加运动的强度。

● 还有哪些奇葩的习俗被当成“规则”？

由于地域、气候和民族习惯等等不同，中国不同地区妇女“坐月子”习俗的细节内容存在差异。

1. 产妇“坐月子”不能吃蔬菜、水果及生冷食物，理由是吃生冷食物会伤脾胃、伤牙齿。只能专吃鸡蛋、小米粥、面条、红糖糯米饭和油炸糯米丸等单一的热性食物，而且只能吃母鸡。

2. 月子里不能让产妇喝白开水，只能喝鸡汤、桂圆汤、红糖水。

3. 产妇“坐月子”不能洗澡、洗头。这会导致头痛、全身关节疼痛、周身气血凝滞、月经不调。

4. 月子里产妇不能刷牙、梳头。如果产妇刷牙、梳头会引起牙齿松动、脱落及头皮痛。

5. 产妇“坐月子”不能下床活动，要躺在床上。认为这样身体才能恢复得快、恢复得好。

6. 月子里产妇不能外出见风，即使卧床也要遮挡严实，以防中风。产妇须深居室内、卧床不起、紧闭门窗，即使在炎热的夏季，也须包头盖被、穿长裤及长衣、长袜，并扎紧袖口和裤脚。

7. 产妇“坐月子”生人不能入室，会带来邪气。

但这些通通是错的！说得轻，是让产妇心情难受、抑郁；不顺利的话，会让产妇落下一身的病痛，严重影响健康。

而且，坚持让产妇“坐月子”的家人，根本就不关心她。这样的亲人令人很反感。

● 如何破解

1. 产妇在有胃口的情况下，可以尽量多进食各种有营养的食品，除了辛辣或酒之类的刺激产品。营养均衡，对恢复健康很有帮助。

2. 该喝水就喝水。尤其是母乳喂养的，身体需要补充水分。

3. 产妇应该保持身体干净，尤其是下身清洁。而故意不清洁下身，则有感染的风险，而且还可能引发其他后遗症，导致妇科病甚至更严重的问题。

4. 该刷牙的时候刷牙，该洗头的时候洗头。已有多位医生表示，收治了很多坐完月子之后满口溃烂的产妇。一个浑身脏兮兮的女性，是不可能感到开心的。这样，也不利于亲子感情的表达。

5. 长期躺在床上易造成产褥，增加子宫脱垂风险，而且损伤身体的自我恢复能力。只要体力许可，就可以正常走动，月子后期还可以做轻微的运动，恢复体能。

6. 产妇不是怪物，冷热感受与常人无异。要保持让她感到舒适的温度。

7. 生人不能进屋？这只是因为觉得女人很肮脏，尤其是产妇很肮脏的一个修饰性的说法。相信这些你就傻了。

8. 关键是，你要爱惜自己，要以自己舒服的方式“坐月子”。好的“坐月子”不是让你增添痛苦的。

9. 让那些要求你过一个难受的月子的亲属或长辈，远离你的视线。在这个你最脆弱的时候，能用钱（月嫂、保姆），就不用长辈。

说到底，中国的“坐月子”习俗不仅不科学，与医学和护理学格格不入，甚至还是反健康、反卫生、严重侵害产妇身心的。

它是所谓的封建传统礼教不可分割的组成部分，本质上是中国古代妇女产后纾解生殖焦虑、融入夫方家族的重要“文化仪式”。长辈女性，在这个过程中，拿到了绝对话事权和掌控权。

但这是以扭曲产妇的身体认知对其进行迎合换来的。

问题的核心是，产妇应该拥有对自己的身体的话语权。家人，应该以产妇自身的感觉为宜，包括温度、洗浴、饮食等方面，满足产妇的正常需求。

• Part10 • 杜绝丧偶式育儿：孩子要有父亲

如果你认为你的丈夫不负责任，那就不要以“为了孩子好”而不敢分开。那是借口。对于孩子和对于你来说，都是。有好的夫妻关系是最好的，没有的话，单亲家庭也行；最差的就是糟糕的夫妻关系和没有爱的亲子关系。

丧偶式育儿的问题在于“缺老公”

● 传统中国家庭的核心关系，是母子关系

“丧偶式育儿”为什么这么普遍？两三千年来一直都如此啊。养儿育女，从来都被视为女性的工作，父亲是不参与的。

只不过，进入了平等的、文明的社会以后，人们对这种“前文明时代”的不平等的状况，不能忍受了。社会就是这样进步的。

而在传统当中，女性不出门工作，她的全部精力就是放在家务和抚养孩子上，所以，“母子关系”是家庭的中心关系。即便到了现代社会，这种遗留的价值观仍然存在。

1. 儿子“配偶化”

正常情况下，一个家庭的核心，应该是夫与妻；子与女，应该是这个家庭的分支，在幼年时依托于夫妻的照顾成长；长大成人之后，脱离主干，形成新的小家庭。

但在中国有一种非常主流的“畸形”家庭，就是夫妻虽然在婚姻状态当中，住在一起，但一方（几乎全都是丈夫）很少参与家庭事务，与家庭的情感连接也很少。母子（女）的情感，变成了家庭的核心。

有一个名词“配偶化”，是指代那些家庭中，父亲或母亲将某一个子女当作自己情感上的配偶（emotional spouse）的现象，亲子之间

由此形成了一种类似伴侣的情感关系。

夫妻情感不好，孩子或出现“配偶化”。

这种配偶化的亲子关系，不仅仅发生于异性亲子之间，也发生在母亲与女儿、父亲与儿子之间。这些“被选中的孩子”的身份，更像是“伴侣”，要满足对方的需求。这些需求和责任，包括陪伴、浪漫的互动、亲密、经济。有的，还伴有“性”这个因素。其中有一些只是肢体接触、过多的亲近和亲吻，极端的可能会有性行为。而两人的情感的亲密程度也和伴侣没有两样，希望孩子能时刻陪伴左右。

配偶化，其实是家长将孩子作为伴侣的替代者的一种现象。它是以牺牲子女的正常需求与身心健康为代价，来满足家长的情感需求的。

2. 问题出在哪？夫妻无感情

著名心理学家武志红，也是我的好朋友，他有一些很有影响力的学说。他说：“中国家庭的核心关系是母亲和儿子的关系。丈夫被排挤了，母亲和孩子构成了联盟，特别是母亲如果有个儿子的话，他们之间就会构成很深的联盟，那么这个联盟，会导致男人一直是个‘妈宝男’。”

上海作家毛利，写过一篇文章《为什么上海男人连流氓都是妈宝男？》，她的观点中有意思的一点就是，不管这个男人多牛，或者多坏，在个人问题上都保持着隔壁阿姨家宝贝儿子的风貌。曾经有个很惊悚的案例，杀妻藏尸案的三十岁的男主角，在他妈妈眼里，也是“他还是小孩子啊，他什么都不懂的，他胆子很小，他是乖宝宝，他是太害怕了”。

不好说他妈妈撒谎，很可能在她妈妈的角度看来就是这样的。连最后的投案自首，也是他跟妈妈一起去的。

妈宝男，就是一个永远也长不大的孩子。不过，这是贬义词。不是说一个男人可爱，而是没主见，凡事推诿，什么都听妈妈的话。这样的人，如果结婚了、生小孩了，就是他的妻子和儿子的灾难。

问题出在哪里？夫妻关系是家中的 No.1，这是健康家庭的第一定律。如果夫妻关系不好的话，就出问题了，就是典型的“找妈式相亲，保姆式妻子，守寡式婚姻，丧偶式育儿”。

在中国的最常见的观念里，夫妻不需要深厚感情，就是“过日子”，凑合着过。但没有感情的婚姻，即便没有特别大的矛盾，甚至不一定有外遇的情况下，也互相眼见心烦。在传统观念中，丈夫主外，妻子主内。丈夫开始在外面忙事业，没事业的就跟朋友喝酒、应酬；连朋友都没有的，下了班之后，宁愿在地下车库里待半个小时也懒得回家。

有小孩的妻子呢？忙完一天之后，带小孩，陪小孩学习，也不断地向孩子说丈夫的坏话。因为一直是妻子做家务，丈夫连碗都不知道在哪里，插不上手，久而久之，这个家的琐事就变成妻子的主场了。丈夫不做家务，更像是个外人，就加倍地不愿意回家了。妻子与孩子结成了同盟。

这里面，妻子无法跟丈夫进行情感沟通。为什么不能进行情感沟通呢？因为相爱的人才能够说“我是爱你的，但是我们某件事出了误会或者某件事情我们处理方法不一样，我们想好好处理，想好好相爱”。你们一对没有爱情的夫妻，沟通啥？难道说：我们之间没啥误会，我就是不喜欢你，看到你的脸我就讨厌，听到你的声音我就想摔门出去？

丈夫在外面还可以有移情的机会，不管是跟年轻女孩撩骚也好，真正忙于工作，或者无聊消遣也好，这个社会是赞同他“不回家”、把家放在不重要位置的做法的。但女人必须回家，做家务，照顾孩子。她没有其他自我空间。

这种时候，她只能把本应该对丈夫的情感，拿出来给孩子，尤其是男孩。

这样的家庭里，如果孩子是女孩，因为父母的夫妻关系不好，她无法看到正确的婚姻示范；缺少父爱，被一把糖就骗走的概率很大。她长大后对“什么是爱”的阈值，很难把握正确。

而孩子是男孩，也很糟。母子关系过于亲密，将严重妨碍他的心理成熟；“我妈不容易”的后果，就是他把母亲的全面围绕他转的相处模式，照搬到妻子身上，要求妻子也必须为母亲、为他自己、为孩子做出牺牲。

不进行心理断奶，就会有这种恶性循环。

● 孩子，不该是你的最爱

与不爱的人结婚，移情于儿子或女儿，就有麻烦。

1. 母子关系不正常的关键，在于父亲。

2. 夫妻关系是家庭关系里的“定海神针”。婆媳关系不正常的关键，在于儿子。

在中国家庭，是不是大家一想到家庭矛盾的第一反应，就是婆媳关系？

婚嫁型的家庭，就是有一个弊端：女人进入了一个丈夫与他的爸妈组成的家庭。这个女性相当于是一个外人。在这种情况下，丈夫，经常是与父母站在同一条阵线来对抗妻子的。

这些年，因为房价疯涨，靠年轻人自己很难买得起房，需要父母经济上的支持，有些父母就与年轻夫妻住一起了，有些虽然没有住一起，但父母往往在小夫妻之间干预较多。

国内知名的心理学家曾奇峰形容说，夫妻关系是家庭的“定海神针”，在有公婆、夫妻和孩子的“三世同堂”的家庭中，如果夫妻关系是家庭核心，拥有第一发言权，那么这个家庭就会稳如磐石。但现实往往并非如此。

为什么一般不提公公与儿媳妇之间的关系？因为男性在家务当中参与得少，不干活的人就存在感较低。而“妈宝男”以前在家，都是妈妈一切包办的，妈妈参与得多，看不惯年轻人的做法。甚至，对夺走儿子的媳妇，怀有深深的嫉妒。

一般来说，我不太乐意谈婆媳关系。因为这世上本来就不应该有婆媳关系，他们应该是客客气气的客人之间的关系，永远不可能亲同母女，也没必要。所有的婆媳问题，都是丈夫的问题。

如果你的丈夫是站在小家的立场上的，什么矛盾都不会有。如果你的丈夫是站在妈妈的立场上的，那么，我建议你让贤，让你丈夫和他的妈妈一起生活，他们才是一对。

● 婆媳关系不重要，关键在丈夫

这件事，不能看妻子，也不能看母亲，关键得看这个丈夫。妻子和母亲不适合直接对抗。如何处理小家和原生家庭的关系，是丈夫必须解决的问题。

举个例子。

我有一个朋友，现在是个不大不小的老板了。不过他的出身不怎么好，是从很穷困的农村出来的。后来到了城里以后，结了婚，生了孩子，他也很孝顺，把父母接过来住。他的母亲看不惯他的妻子，指责了几句。这位朋友听到了，你猜他怎么反应？

他马上对他妈妈说：这是我老婆，她有什么不对，我跟她商量，我来跟她说；你是我妈，但在这个家里，你是外人，你没有资格批评我老婆。

后来他妈妈只好收敛了。有一次忍不住又骂了她老婆。我这个朋友马上说：我给你和爸多一点钱，雇个保姆，过两天送你们回老家。

我觉得这才做得对。如果一个丈夫总是劝说：我知道我妈不对，你忍忍吧。——不要忍。因为他的意思再委婉，核心也是：他妈说了算，你必须服从。你只是跟你丈夫建立了关系，跟他妈，没有关系。

● 如何破解

尽可能在适合的基础上结婚，找相爱的人。而且，要努力让爱情保鲜。否则，一辈子都在为“不爱”的问题买单。以前的人，寿命只有三四十岁，忍一忍，十几二十年就死了，现在，结婚到死亡，恐怕有五六十年，社会的变化那么大，怎么忍?

如果你与丈夫的问题无法解决，也不想解决，那么，在孩子这一辈，你要及时斩断过于亲近的母子情。心理断奶最关键的不是孩子，而是作为母亲的你。你不能把心理创伤延续到孩子身上，不能让孩子来哺育你。

反过来看，如果你是婆婆这个角色，你怎么对待媳妇?

1. 尽可能不要一起住。你也有自己的生活。

2. 带小孩这件事，尽可能货币化，简单地说，就是给钱。给孩子买房这件事，要量力而行，并考虑让他们还债。

3. 少掺和小夫妻的事，甚至他们要离婚之类的，即便关心，也不要越界。

4. 你与你的丈夫有自己的利益，你儿子与他的妻子有他们的利益，各行其是。

夫妻关系是家中的 No.1，这是健康家庭的第一定律。

为什么“妈宝男”都像没有爹一样？

● 很多妈妈“没有”丈夫

有很多“妈宝男”，他们的眼里，只有妈妈，没有爸爸。他们的母亲，都“没有”丈夫。

一种是单亲母亲带大孩子。

但问题是，多数离婚家庭里，爸爸也是活着的，这个儿子，也是他的儿子。就算离婚，爸爸彻底从儿子的生活里消失，这种结构也是很不正常的。

也正是因为如此，母亲带大儿子，确实是含辛茹苦，儿子才经常感觉到“我妈不容易”，要求老婆也侍奉母亲。

但在新组成的家庭里，儿子如果不承担责任，同样也是新的守寡式婚姻，妻子在丈夫身上得不到爱，只能移情于子女。又是新的悲剧的开始，代代相传。

另一种是父母双全的家庭。这个“爸爸”，既有可能比较懦弱，由妈妈一个人说了算；也有可能不但不弱势还很强势，但是对家庭的具体事务并不关心。母子在感情上“相依为命”，造成了儿子对母亲感情上的格外依赖。

父亲人在心不在，他对家庭毫不用心，完全不在乎、不能满足妻子的情感需要。并且任由妻子倾注全部身心到儿子身上。这样，他反而觉得轻松，再没有负担了。他没有参与到家庭建设当中，即便母子关系有所扭曲，他也看不出来。

● 儿子不是找老婆，而是找满足妈妈的奴仆

如果亲子关系（包括公婆与丈夫、丈夫与孩子、妻子与孩子）凌驾于夫妻关系之上，就会产生最常见的两个问题：

※ 糟糕的婆媳关系；

※ 严重的恋子情结。

当母亲觉得最重要的人是儿子，而不是丈夫的时候，她就会阻挠儿子的婚姻，阻挠儿子的独立，要求儿子将她的想法贯彻于生活。

而作为儿子，如果长期生活在母亲过于强烈的爱当中，并且乐于接受的话，他就会觉得，母亲也是最重要的，需要回报母亲。

那么，妻子就退居其次。

更常见的是，男人寻找妻子，就是找一个人共同来侍奉母亲，完全按照母亲的需求来。

这又有两种可能：

一种是儿子对母亲没有情感需求，也没有隐秘的性亲密的需求，只是“报恩”“孝顺”，他们找妻子，也是为了服侍母亲。一般来说，这样的婚姻，儿子把自身的赡养义务全部转嫁到妻子身上，就是不断地掠夺妻子的劳动。他们常说的一句话就是“我妈不容易”，真实含义就是“我妈牺牲自己来照顾我和家庭，我的妻子也必须像她一样牺牲自己来照顾我和家庭，否则就不及格”。

进入这样的婚姻，女性可要三思哦。

另一种是母子之间有较强的情感需求。这种情况，不管母子间有没有实质的性接触，都已进入一种情感的乱伦，他们之间容不得“第三者”，也就是妻子的介入。母亲给儿子娶妻，就是为了给儿子繁殖后代的，但不允许儿子有自己的小家庭、把母亲排斥在外。

这种家庭，别的女人，可千万不要当他们母子爱情的“第三者”。

● 如何破解？

你要的是一个丈夫，一个成年人，而不是一个妈妈嘴里的宝宝。你不是来带“大小孩”的。

母子感情好到不正常的家庭里，妻子是他们之间的“小三”，你应该赶紧走。

当一个人对你的全部要求是孝顺父母，口头禅是“我妈说”，那么，赶紧离开吧。

“妈宝”不仅意味着一个人不够成熟，还意味着他拒绝长大，不能为自己的行为负责，只能靠父母来做决定了。

为什么中国有这么多“妈宝男”“妈宝女”？

- **“妈宝男”：他适合的结婚对象是他妈妈，而不是你。**

你没有责任教一个“妈宝男”长大，除非他自己成长。

1.“妈宝男”问题的核心。

男性推卸责任，不能为自己的人生负责。没有能力面对生活，没有边界意识。

2. 识别“妈宝男”的特征。

● 把“我妈说”挂在嘴上的。

● 把“孝顺”挂在嘴上的。

● 遇事就要给爸妈打电话，做决定之前一定先征求父母意见的。没有父母把关，他就不敢做主的。

● 太依赖你，啥都由你决定的。也许他没有学会自己做主，以前是妈妈帮他做的主，现在换了你。

● 没结婚之前，工资都是由妈妈保管的；结了婚，工资交由你保管。听起来不错，但要多想想。

● 朋友太少。也许他还没有学会建立个人的交际圈。

● 对母亲过于亲昵。

● 成年了还与母亲睡在一起。这绝对要一票否决。

● 父母吸儿女的血，与儿女吸父母的血，是一体两面

有的农村家族好不容易出了一个“凤凰男”“凤凰女”，跳出了贫穷，从此便成了整个家族的压榨对象，源源不断地给家族供血，甚至把他们的配偶家庭也拖下水。

有的子女虽然有手有脚，但却心安理得地吸干父母的血汗钱，直至败光他们的“棺材本”，让他们老无所养。这批父母，往往为了成年孩子的婚姻、房子、带孩子等问题，从经济上和体力上，被榨尽最后一滴血。

“熊孩子”怎么养成的呢？

实际上，孩子之所以成为人格不健全、完全没有行为边界的“熊孩子”，是因为有“熊父母”。而孩子真正的人格成长和独立，是被父母们有意无意地扼杀掉的。而且，等这些小孩长大之后，还会很完美地重现父母们破损的人格。

我记得，在二十世纪九十年代有一个常用词“代沟”；这是一个中性词，而且往往是要求父母，理解和担待年幼无知、青春叛逆期的少年。但现在重新回过头来看，这种“代沟”，实际上却是青少年抵御腐朽无知、无理取闹的父母的束缚和戕害的一种自我保护的鸿沟。很大的一个问题是，我们的上一代父母，是把孩子当成私有财产的。家长的权威不容置疑。

● 如何破解？

1. 不要溺爱孩子

有一档家庭纠纷类节目，叫《第三调解室》，据说是北京电视台吸引中老年观众的王牌节目。里面讲了一个故事，收视率很高：老两口，有套房子，有三个孩子，给了大儿子和小儿子一大笔钱，不过小儿子的钱略少一些；没给女儿钱，但是要女儿在生活上完全照顾他们，答应去世之后房子归女儿所有。结果呢，这个小儿子，四五十岁了，头发都谢顶了，开始天天纠缠爸妈，要爸妈再给二十万元，搬进爸妈家里，让爸妈睡在厅里；还要求爸妈把房子给他，不许给姐姐。这老两口说："我们砸锅卖铁也要把钱还给小儿子。"他们天天吃咸菜，省钱。

这种亲子关系，这个小儿子虽然是绝对的坏人，但也是这老两口自己调教出来的。

"啃老族"都是"巨婴"，认为自己就是世界的中心，地球要绕着他转。

所以提请各位，不要把自己的孩子培养成"巨婴"，等你老了以后，他会让你喂养他，甚至把你也吃掉。

2. 公平地对待儿子和女儿

前面案例中的老夫妇是怎么培养出这种"巨婴"的呢?

一方面，是偏心眼，重男轻女。现代社会里，重男轻女，就是一种道德缺陷。

你把钱都给儿子，但儿子有自己的家，现在提倡"小家"，你给他的房子和钱，就是他的了；就算你跟他打官司，他也只需要付你很少的赡养费，也就几百上千块钱而已。儿媳妇，对你来说是外人，连你的亲生儿子都不照顾你，一个外人会照顾你吗？

另一方面，让会哭的孩子有奶吃，对于儿子的要求，再难也予以满足。这是“熊孩子”的“培养大法”。

“熊孩子”到了三四十岁，变成了“熊大人”，更讨厌。

有些人把钱和房子给儿子以后，要一无所有的女儿来照顾。说实话，等她大了以后，被父母坑得这么惨，她除了法律规定的那么一点赡养费，也没必要来照顾你。你不爱她，她也没必要爱你。没有什么理所当然。《欢乐颂》里的樊胜美被父母拖累，她自己也有责任。假如你是樊胜美这个女儿的角色，你应该跟父母、哥哥断绝来往，把电话、地址等等全部换掉。钱你早已给够了不用再给。等多年以后，他们脑子清楚了，再重新来往。

如果你是父母，放你的女儿一条生路吧。不过，就算你不放她生路，等她长大，清醒过来，你也会失去这个女儿了。

孩子不是妈妈一个人的，他有爸爸

● 职场妈妈都欠孩子一个道歉吗？错！

咪蒙曾写过一篇文章《职场妈妈都欠孩子一个道歉》，大意就是说她的同事李粒粒，之前读遍所有育儿书，自学成了育儿专家，把所有时间都花在女儿身上；但是今年4月，李粒粒来北京工作，女儿留在深圳。她无法照顾孩子，很难过。“我们对孩子最愧疚的瞬间，大概就是要跟他们分开，去工作的时候。”“我们没有办法责怪任何人，我们只能怪自己。”

咪蒙的结论是，职场妈妈都欠孩子一个道歉。

我不同意。

如果问题换到男性身上，即便是最有父爱的那些职场父亲，他们也并不觉得欠孩子一个道歉，因为他们相信，他们工作、赚钱，就是对孩子最好的保护了。这个社会也是这么教大人和小孩的。小孩习惯于接受父亲这个角色的缺席，并将其合理化。

但对于女性，马上就换了一种标准。职场女性，工作、赚钱，还不够，还需要对孩子贴身照料。母亲这个角色的缺席，马上变成不负责任的行为，被视为家庭有残缺。

归根到底，这个社会对男性和女性是采用不同标准的，对女性的道德要求特别高。

没有必要。记住“男女平等”就可以了。

● 有必要一定给孩子“最好的”吗，在我们自己都做不到的时候？

我们都想给孩子“最好的”。但是，这个“好”，是没有止境的。父亲母亲全心全意二十四小时照料孩子、陪伴孩子，当然很好，但父母自己的人生怎么办？而各种各样的“最好”的婴儿食品、婴儿童车、婴儿纸尿裤，每一样都价格不菲，小家庭花钱的地方还很多，怎么办？更不必说以后的幼儿园，动辄就十几万元；上个小学，动辄几十万元；还没提学区房呢。

真有必要吗？

科学博主 @ 游识猷 的看法是：

“我琢磨了一下，发现只剩一条出路——不要给孩子最好的。

“真的，公平一点，我给我自己买的也不是‘能力范围内最好的’，而是‘够用的’。我自己正用着摔碎屏的红米手机呢，我可从未为此责备过自己。为什么我在‘没给孩子最好的’的时候，会感觉内疚呢？

“育儿本该是件双赢的事，至少不应是单方的耗竭。但身边的许多声音似乎都在培养家长的负罪感。家长们‘吾日三省吾身’，发现自己今天至少违背了四七二十八条育儿指南，于是决定再多放弃一点个人自由与享受，好像这样能稍稍弥补‘过错’。

“内疚感是不必要的育儿税。”

● 为什么只有“职场妈妈”，没有“职场爸爸”？

1. 从来没有人把“爸爸”当作男性的主要工作

一位女性有了小孩之后还继续工作，她就要被称为“职场妈妈”，但我们却根本没有听说过“职场爸爸”这种叫法。

“职场妈妈”这个词，是个偏正结构，“妈妈”才是核心，“职场”是修饰词，也就是一个小甜点。从词语就可以看出来了，社会仍然认为女性最重要的责任是相夫教子，作为女性，职场只是你完成妈妈和家庭职责之后的补充项。

从这个角度也可以看出，为什么在职场上男女不平等、不能同工同酬了。

2. 母职的代价和父职的奖赏

实际上，有孩子的女性在职场上，会遭遇到系统性弱势，导致了“母职惩罚”，同时，一定有人获益。这些获益者，就是在职场上有孩子的男性。也有个词叫作“父职奖赏”。

这是什么意思呢？就是在职场上，当一位女性有孩子的时候，大家会默认她需要花大量时间照顾家庭，工作上一般不够给力，她不宜升迁（除非有非常卓越、超乎常人的业绩）。

而当一位男性有孩子的时候，大家会默认他工作稳定，有责任感，会为了家庭而好好工作，也不会跳槽，这种男性，比未婚的“嘴上无毛、办事不牢”的年轻男性靠谱得多（除非真是烂泥扶不上墙的家伙）。

3. 时间贫困

2016 年，以减贫为使命的比尔及梅琳达 · 盖茨基金会又有了新的使命。梅琳达 · 盖茨援引了全球多个国家的数据：从做饭、洗衣到照顾老人孩子，全世界平均来看，女人每天比男人多花 4.5 个小时在无偿劳动上。这种男女的劳动时间差距，少则是北欧的每天 45 分钟，多至印度的每天 5 个小时。如果我们量化全球女性一年的无偿劳动，其价值总额可达 1.5 万亿美元。

与此相对应的，是男女休闲时间的差别。以美国为例，美国男人平均每年比美国女人多花 74 个小时在运动和休闲娱乐上。而女性患抑郁和睡眠障碍的概率，是男性的两倍。

结论显而易见：女性更多地把时间奉献给了家人；男性更多地把时间留给了自己的娱乐和玩耍。

女性不能从社会中获得认同感，难以确立自己的社会定位，也很难有自信。而且，她们的时间是留给孩子的，不是自己的，没有时间，就意味着没有自由。

4. 精神负载

这又是一个新词。女性成了隐形的“家务经理”。她需要把家里大大小小的事情规划、统筹、安排，包括财务管理、会计预算、家装整理、采购事务，还有孩子的后勤保障等等。

也许她本身并没有直接做家务，但这些事项需要由她安排得井井有条。这是一种长期的精神压力。

要知道，如果是在职场上，“决定做什么事以及什么时候做、怎么做”已经是一个全职经理的职责了。

还不必说自己要下场干家务，要上班，还要照顾小孩。

根据经济合作与发展组织 2014 年的调查数据，中国男人每日在日常家务、购物、照顾家庭成员等上面投入的时间仅为 91 分钟，远远低于组织成员国的平均值 134 分钟。而中国女人在同类事项上投入的时间则为234分钟，是男人的2.5倍还多。

而且，这个数据只反映了体力家务的时间投入，并没有计入“精神负载”花掉的难以计算的时间。

现在，一听到那些年轻的父亲对妻子说，“我帮你带带孩子”，我就想呵呵。因为他总以为，带孩子做家务，是妻子的职责，与他无关；他偶尔搭把手，是做慈善。

但能这样做的男性，已算“好爸爸”了。

● 女超人不是出路

传统要求女性当一个好妻子、好母亲，全心全意地照料家人。

现代社会要求女性经济独立、受教育，上班，有事业，有社交，还能保持整洁美丽，保持性魅力。

当下，要求女性既能当一个传统的好妻子、好母亲，又能赚钱养家，事业有成，“出得厅堂，入得厨房”，十项全能。

不排除有很优秀的女性也能做到。但这种非常高的标准和不切实际的要求，是不是过分了？难道要求所有女性都成为女超人吗？

许多相关的研究发现，人类的文化普遍在建构一种有关母亲、母性和母职的神话。

她们即使只是企求有一点自己的个人生活，暂时抛下孩子去从事自己的社交或娱乐活动，也难免自责。

之前就有位年轻妈妈，在周末的时候，因为代表单位的羽毛球队比赛，想去与同事一起训练，遭到丈夫的坚决反对；虽然家里有丈夫和老人照顾孩子，她也不得不放弃了比赛。

如果所有的妈妈都在面临相同/相似的问题，如爸爸不参与、就医难，以及社会照料机构的缺乏等等，她们的焦虑就不再是个人的问题，而是社会问题。

社会的问题，答案就不在个人。即便个人有一定的“主观能动性”，她能调节、能努力的，也很有限。

我们没见到过几个女超人，因为我们是人，无法成为超人。即便有那么几个超人，也是以牺牲她们的休息时间、健康和自我追求为代价的。妈妈们的出路不在当女超人，而是不需要再做女超人。

要求或者期待她们做女超人，是一种绑架，更是一种剥削。

反观父职角色，则很少充塞这种自责与罪恶感。他们对父职不那么在乎，也没有要求。不做，也很正常；稍微做一点点，接送一下孩子，就能博得各种赞美了。

● 如何破解？

1. 如果要生育，只和能合作育儿、能沟通良好的男性结婚、生孩子。

2. 协调好两人带孩子的时间和方式。但你一个人忍气吞声地带娃，不叫“协调”。

3. 不妨尝试一下当“非典型”的母亲：女主外，男主内，男士也可以把孩子带得很好，他们也可以在其中找到乐趣。

4. 在家庭事务中多放权，不必事事要求完美。

5. 孩子的成长很重要，你的成长也很重要。

给孩子真正存在的父亲

● 父亲参与有多重要？

针对美国家庭的研究显示，在父母都存在的家庭中，如果母亲是全职母亲，父亲和孩子直接互动的时间大约是母亲的四分之一，“可触及”的时间大约是母亲的三分之一；而如果母亲是有工作的，那么父亲和孩子互动的时间是母亲的三分之一，可及的时间是母亲的65%。

讽刺的是，父亲参与程度在近年来有所提升——主要原因不是父亲花的时间和精力更多了，而是母亲花在孩子身上的时间和精力也变少了。

The Atlantic 针对美国家庭的调查显示，家庭完整、和父亲拥有高质量关系的孩子，与完整家庭中父亲参与度低的孩子相比，前者在青少年时期品行不端的概率只有后者的一半。

值得注意的是，在完整的家庭中成长，但父亲参与度较低的孩子，品行不端的概率是最高的，甚至高于被单身母亲抚养的孩子。

而且，父亲在孩子生活中的参与程度，与“和孩子待在一起”的时间并没有绝对的联系。马里兰大学的 Maureen Black 发现，即便是在父母离异、父亲和孩子并不生活在同一个家庭的情况下，父亲仍然可以保持比较好的参与程度。

为什么中国有这么多“丧偶式育儿”？

“丧偶式育儿”的深层次原因，是权力关系；是丈夫对妻子的权力关系。丈夫以及他背后所代表的夫权文化要求妻子必须承担育儿责任。而妻子不敢反抗，最大的反抗方式，也只能是唠叨。

为何是权力关系？因为妻子如果不照顾孩子，就是千夫所指，就要面临批判、打骂，甚至离婚的威胁。但丈夫不照顾孩子，就变成了：男人都这样，我就是不做你没办法，怎么着我啊！不然，为什么老板交代的活儿，就跑得那么快呢？

● 如何评估父亲在一个家庭中的参与程度？

父亲参与程度，有三个指标：

1. 互动程度，指的是父亲与孩子直接互动，可以是语言、照料、游戏等多种形式；

2. 可及程度，指的是父亲对于孩子来说，可以潜在地“触及”或者“得到”的程度；

3. 尽责程度，指的是父亲在抚养孩子时，在多大程度上去满足了孩子成长所需。

● 女性怎样让丈夫多照顾孩子？

在中国，这要有两点先决条件：

首先，你自己要有一定的经济能力，你要有自己的事情。在中国，目前来说，不怎么承认家庭主妇、全职妈妈的工作，男人们只会说“我在辛苦上班，你在家里只不过看看小孩，多舒服”。当然是不对的！不过，在社会观念改变之前，你要有一定的经济收入，而且有自己的事情要忙；这样，丈夫会更有动力投入到照顾小孩当中。

其次，你的丈夫是一个讲理的人，负责任的人，跟你是有感情的，他对孩子也是有爱心的。如果连这些基本条件都不具备，你就先去换个丈夫；换不了丈夫，就不要生孩子了。不要让孩子生在这种家庭关系当中。

● 我们的孩子缺少爱，而非责任

我再举一个缺乏安全感的例子。现在的校园“霸凌”层出不穷，施害者背后一定有一个极不健康的家庭。另一方面，有些长期受害者同样是来自不健康的家庭，他们宁愿承受同龄人的百般殴打和羞辱，也不愿意求助于家长，因为在他们眼里，告诉家长，要么是得不到帮助，要么是得到来自父母的比校园“霸凌”更屈辱更伤心的二次羞辱。

还有一些还在读书、得不到帮助，甚至意外怀孕、流产的孩子，他们在家庭关系当中，一定是极度缺乏安全感的。

还有很多看似正常，但却缺乏自尊的人，精神无法独立的人，也是类似的情况。

因为从来就不曾被温柔对待，不知道正常的“爱”的滋味，他们也很难去爱，无法与人建立亲密关系，或者在亲密关系中难以沟通、不屑沟通。于是，一类人呈现出来的是被打压式的低自尊，另一类人呈现出来的是报复性的极度自私。

● 如何破解？

首先，在确定生育之前，你就应该已经跟他规划好怎么分工带孩子。除了保姆和老人的部分，他在带孩子这件事情上应该如何参与，你要反复跟他沟通，你不想你的孩子生活在一个父职缺失的家庭里；孩子是最可爱的小生物。

在这方面，网上有大量的欧美父亲跟小宝贝互动的小视频，多拿给他看。

生小孩这个过程本身不长，对女性的生活影响是有限的，养小孩的影响才是巨大的。要让他知道，不是拿钱出来就算养家了。不参与，这个小孩跟他是没有感情的。

还有一点，如果父亲不带孩子，孩子是无法建立安全感的，青少年时期的不当行为或犯罪可能性会比较高。而那些父亲没有尽职的、缺乏父爱的家庭的孩子，也比离婚的家庭的孩子心理体验还要差。

这说明什么呢？如果有一个在家，但跟孩子没有互动的爸爸，还不如离婚妈妈自己一个人带。

如果你认为你的丈夫不负责任，那就不要以“为了孩子好”而不敢分开。那是借口。对于孩子和对于你来说，都是。有好的夫妻关系是最好的，没有的话，单亲家庭也行；最差的就是糟糕的夫妻关系和没有爱的亲子关系。

也就是说，当爸爸们做不到积极地参与育儿，甚至连维持稳定的婚姻都有困难时，他们带给孩子的影响是很坏的，还不如离婚。

父亲如何参与？

● 父亲是一项职责，必须履行

1. 要花更多的时间与孩子在一起。“育儿参与度”的直观标准就是看爸爸们和孩子相处时间的长短。当孩子出生后，和孩子相处就应当是父亲非常重要的一项工作了。

2. 另一方面，也要让孩子对父亲信任、信赖，从父亲那里获得帮助，让孩子感受到来自父亲的温暖和爱。

3. 制定规则，重视规则，而不是随心所欲、随便更改。权威绝不是放纵自己的情绪打骂孩子，有时孩子都不知道自己做错了什么，会很委屈。

4. 不实行双重标准，对孩子的要求和对自己的要求是统一的。不能自己抽烟、撒谎、讲粗口、整天打麻将、打游戏，却禁止孩子做这些，要求他一心扑在学习上。这样也会毁掉孩子的价值观。

5. 给予孩子一定的自主权，让他更自信，更容易成长。

● 政府应该保障父亲同休产假

带薪产假从来都是各国女性权益的热点话题。

最近我国为了鼓励大家生二孩，也有包括产假在内的各种“女性假”的政策福音传来。女性不仅在 3 月 8 日这一天享有半天假期，产假的时间在持续增加，怀孕期、产期、哺乳期更受保护，连痛经都有了“痛经假”！

女性有产假，而男性的陪产假只有 15 天，甚至很多单位都不让休。

这种休假方式，成为“生育和养育孩子是女人自己的事”的制度保障，非常不利于父亲参与育儿。

更严重的是，由于女性有相当一段时间的产假，而男性几乎没有；同时，女性被视为需要担负起养育孩子的绝大部分责任，工作的时间和热情就减少了，很多用人单位客观上出于用人成本（包括生育的经济成本和时间成本）考虑，往往还是在招聘时偏好招男生，不招聘女性、少招聘女性，在职场上对女性有非常明确的歧视（不管是否成文）。

单纯地推行“女性假”的福利，必然导向更深的性别歧视，更别提促进男性参与家庭的意识了。

所以很多人提出：只有推行“男女同休产假”，或是“男性陪护姨妈假”，才能减轻职场性别歧视，让女性和男性真正实现“机会均等”。

社会若想人口增长，主要只能依托福利了；尤其是针对女性的福利和保障，所以就必须借鉴福利国家的一些生育福利政策。

● 如何破解

这方面，靠良心，靠自觉，都只能是个案，效果有限。政府的保障制度，是最关键的。我们可以看看别的国家的例子。瑞典的生育保障制度就做得很好，充分保证了父亲对孩子的作用。

1. 父母津贴：按照瑞典社会福利保障局的规定，新生儿父母总共有 480 天（ 16 个月 ）的休假时间。如新生儿为双胞胎，则父母休假时间再延长 180 天。此休假时间是指“工作日的休息权利”，不包含节假日等所有法定假期、休息日。此 480 天休假时间由新生儿父母协商分配，但新生儿父母任何一方都必须至少在家中陪伴孩子两个月。

2. 父母临时休假津贴：每一年，未成年孩子的父母因为需要照顾生病的孩子或者陪护生病的孩子看医生，可以获得“父母临时休假津贴”的天数上限为 120 天。

3. 妈妈产假：准妈妈在临产前七周，就可以开始休假。

4. 爸爸产假：从 1974 年开始，瑞典就将产假从“妈妈休假”扩大到包括“爸爸休假”在内的范围。瑞典父亲在新生儿出生之时，有 10 天陪伴母子的时间。

5. 缩短工作时间权：在孩子未成年之前，父母任何一方都享有缩短工作时间的权利，他们可以要求将每天的工作时间缩减 25%。

● 附录一 "我在读博士，祖国放心，我肯定不生孩子"

《中国青年报》曾发过一篇文章，《女性读博 + 生娃 两全 or 窘途》，谈的是读博士和生孩子之间的两难困境，微博文章阅读量很快就过百万了，引发了讨论。

这主要是因为，女博士的就读时间和女性生育的黄金年龄正好是重合的，顾得了这个就顾不了那个。而这种困境，男性从来感受不到。

于是乎，舆论的声音是，要么为了工作和读书，不生娃，迟生娃；要么，想生娃就不要读博，不要影响女博士的整体水平，不要逼得导师们不再愿意招收女博士生。

由教育部发布的《2016 年教育统计数据》显示，我国女博士生人数为 132132，占博士生总数的 38.63%。而女博士的入学就读年龄，一般集中在 24—30 岁，正是女性结婚生育的高峰期。

在本科生都允许结婚生孩子的今天，这么高比例的女博士，如何应对生育，能不能生孩子、该不该生孩子，是值得讨论的。当然，女性本身有能力决定生育，也有能力决定生孩子是否影响学习和工作；但是，你的生育也关系着学校是否给你提供一定的福利和保障，关系着你的毕业和工作。

中青报这篇文章采访了北京大学信息科学技术学院教授张海霞，她“很不支持”女性读博期间生娃。因为，师从她读博士，工作量是非常大的：

“张海霞的研究领域是微纳机电系统和微能源技术，她告诉记者，自己近些年指导的博士生‘发表的SCI论文基本没有低于10篇的’‘每天工作大概超过12小时’。”

“她难以想象一个生娃的女博士生，如何能完成如此繁重的学业和科研任务。”

背后的原则是：要取得博士学历应该达到一定标准，不应该因为个人原因而降低要求，或者实行弹性标准。

而张海霞教授自己也已在国内外重要学术期刊和国际会议上发表学术论文100多篇，取得软件著作权8项，发明专利6项，出版著作和译著5部。

当张海霞看到网上“读博期间生孩子导师都能理解，不会抓你干活儿的，水过了论文能顺利毕业就行了”“我怀孕6个月博士入学，经历了导师的苦苦相逼”一类留言时大为光火，直呼这种行为“自私”，无异于“耍无赖”。

我非常同意张海霞教授的看法。这种沾沾自喜的认知，绝对是会伤害女博士的整体形象的。

同样的问题，在工作单位中，还会被再提问一遍。

经常有人问我：为什么女生从小学到中学到大学，成绩都好；但一到工作了，能力就大幅度下滑了呢？是她们太没有事业心了吗？

这是个老生常谈的问题。甚至可以把它倒推至更古老的时代里，从男性为什么能战胜女性，成为中心性别、主导性别当中找到原因。那根本不是因为他们力气大，而是因为，女性要生育。

生育成了她们的原罪。生育期间女性虚弱，生育过后女性需要花费大量精力照顾人类的幼兽、保护幼兽，她们没时间参与抢粮和分配，男性便借此褫夺了妇孺的权力和权利，并制定出种种规则巩固下来。

直至今天，这种状况仍然如此。不是因为女性体力差：写论文的体力，跟男女关系不大，跟勤奋与懒惰、天才与笨蛋的关系更大——主要是因为，女性因为要生育、要照顾孩子，她们工作和参与社会资源分配的权利被剥夺了而已。

这不能归咎到导师或学校身上。它首先是社会保障制度的问题，也是与她共同抚养孩子的丈夫的问题。每个女人都含辛茹苦地带孩子，甚至还要“抚养”和“照顾”丈夫，能有精力工作吗？

根据圣路易斯联邦储备银行的一份报告，性别和婚姻状况研究发现：已婚男性的工资高于单身男性、已婚女性和单身女性的工资，在每个年龄段，从20岁到64岁，都是如此。这种差异最明显的是45岁左右，这时已婚男性的收入达到顶峰。这项研究还表明，婚姻有可能提高男性的收入：婚姻制度可能更利于男性。

这说得太客气了，这不是可能，这是必然。单身男女，收入差别不太大；但已婚男性，意味着他有女人照顾，他能把精力放在工作上，特别是有了小孩之后，社会认为他有了社会责任感，更容易升职加薪，受到婚姻奖励；

而已婚女性，意味着她从此需要照顾别人，尤其是生了小孩之后，社会默认她要照顾小孩，意味着她不能把精力放在工作上，所以各种升职加薪尽可能把她排除在外，她会受到婚姻惩罚。

姚晨在星空演讲中说，每个人都问我，如何平衡事业与家庭，但从来没有人问我的先生，他如何平衡事业与家庭。

答案不言自明：因为他不需要平衡。他只需关心事业，在家庭中他不需要参与劳动，只需要享受。

等到每个成功男性都像今天的成功女性一样，需要被人追问如何平衡事业与家庭的时候，大概就是男女平等了，大概就是女性不用操心读博士期间能不能生孩子、工作期间能不能生孩子的时候了。

不能同休产假，不能让男女共同为生育和养育负责，不能建立保障体系；整个大的环境都改变不了，纠结于“女生读博期间可不可以生育”，只是细枝末节啊。

难怪，已经有网友@龙窝里的倪纳（SOAS性别学博士在读）声称了：“不用你给我设置职业和学术壁垒劝退，祖国放心，我肯定不生。”

● 附录二 “老婆，我给你买包，你别去上课进修了……”

我听过一个例子：

有一位工作能力很强的女性，以前都做到企业高管了，年薪100万+的那种。后来因为太忙顾不上家庭而辞职了，准备找稍微轻松一点的工作；反正家里不缺钱。

但她有一次吐槽：她去美容院做面部护理，接到在读小学的儿子的电话，儿子抱怨她：

“妈，你现在不挣钱了，还做什么面膜！”

还有，她每次买的包包，一两千块钱的，回去都要跟老公说是两三百块钱的。不敢说实话。

我听得鸡皮疙瘩都起来了。我要是她，我天天爱马仕！

可女性，甚至是挣大钱、是家庭主要经济来源的女性，怎么能地位低到这样，低到尘埃里，吃灰？

但是，因为长期研究女性的生存状况，我深知这种情况并不是个例。

一

再举个例子，曾有一个热门贴子让我印象深刻：

博主@励精图治的大渔塘主写道：

“我们做职业教育的，做久了，就会发现一个规律：

凡是男性报班，100%会得到家人、朋友、同事的支持；女性报班，25%会遭遇来自家庭，尤其是丈夫的阻力。

去年有个学员报名，她是全职妇女，总想着出去找工作。她丈夫不同意，不出钱。最后她远在东北的母亲给她出的学费。

又有一个小姑娘，在莎蔓莉莎工作，总想学点什么，跳槽，谋求更好的发展。在我们这里报名交费没几天，哭着要来退费，坚决不上了。

后来经过了解才知道：小姑娘一直在给她哥哥还房贷，她一个月3000—4000元的收入，要拿出2000元给她哥还房贷。

她哥知道她报班学习的事情后，大发雷霆，又给父母打电话告状，全家逼她退学。小姑娘没办法了，只好找我们退费。

还有一位女性，全职家庭主妇，上周五报名交钱学习，周一开始打电话要退费。”

因为丈夫不同意她学习，逼她退学。这种事情，在任何面向社会招生的教育机构中，都绝不是偶然。

这则微博，几千次转发，很多人纷纷在下面举出自己的亲身经历：

“我打电话咨询英语培训课，问答过程中销售员问我：‘报班的话，您自己能决定吗？’我一时没明白：‘嗯？怎么不能？’销售员说：‘有的人需要爸妈或老公同意。’”

“筹备婚礼的时候，爱人因为工作不能一起订婚纱照，我就自己去店铺看，销售人员介绍了活动，我不太满意，打算多考察几家，销售人员就问我是不是要回家问问老公，还教我怎么跟老公介绍这些价格，我当时也被问懵了。”

“我换工作去应聘，对方当场说可以来，我说我要回去考虑一下。然后对方就说：是不是要回家和老公商量一下？我一愣，为什么要和他商议？对方说：好多宝妈都是这么说的，商议来商议去就不来了。”

实际上，问题的共通点就在于：妻子，有没有为自己的事情做决定的权利，有没有花钱的权利。

从以上的这些案例里可以看出来，很多妻子对自己的事情都没有决定权，包括那位女强人。

就算最后，那些女性通过了老公的“审批”，欢天喜地地得偿所愿；那也是人家开恩呀。

二

婚姻是一个经济共同体，没错；一些大型支出、全家支出，需要夫妻二人一起商量，也是合理的。

但是，在那些经济很宽裕的家庭里，你如何解释女人连个中等价位的包包都不敢买？

也就是说，她们连最基本的、无足挂齿的消费，都不被允许做决定。报低了价格之后，丈夫终于恩准，她们才被批准“可以买”。

“包包”不是那么重要，它只是一个象征，指的是是否消费自由。

现在听到有人说，“男主外，女主内”好，对于这种分工模式，我就先打一个问号：

女人，真能主内吗？

真的有权调度家庭内部的收支吗？真的有财产权吗？

你说的“主内”，是仅仅指她有买菜的自由、有买洗发水沐浴液的自由？

很多男人说，啊，我都上交工资卡的，老婆掌握财权。

这话，放在一个收入几千、万把块钱的中低收入男性身上，我是相信的；这种是你们一家人都没有经济自主权，唯有把钱凑一起、省吃俭用地过小日子，那是另一回事。

就这样，还经常有新闻：“月薪 6000 上交 5500，有一个小孩，十年后家庭存款却几乎为零；丈夫不满起诉离婚……”

你说那些年收入超过五十万的男性收入全都交给老婆打理和支配，自己不清楚；谁信？（当然，我也不认为必须全都交给女性）实际上，他们才真正掌握了家庭的经济命脉。

理论上，其中也有二十五万，是老婆的；她同样有权利在完成了家庭的消费之后，满足自己的消费需求。何况，我知道相当多的女性，自己也挣钱。但是，自己挣的钱仍然不敢花，怕丈夫怪罪。

因为，在很多人的观念里，女性是没有，也不该有家庭财产权的。

前些年，人们曾广泛传播着一种女性的窘境：很多女性一心一意疼爱男人、不舍得吃不舍得穿，只想给男人买好东西；结果老公嫌妻子不时尚不浪漫，爱上外面的“妖艳贱货”。

我想说的是，现实的结果可能类似，同样是糟糠妻被抛弃；但原因却不一样，不是因为妻子如何爱老公，愿意牺牲自己装扮对方；而是因为丈夫可以随意花钱，而妻子则没有消费的权限。

职业女性还好一些，那些在家的全职主妇，精神上的压抑更显著。

三

更重要、更有价值的消费，是前面提到过的各种培训、进修的消费。

需要花钱是一方面，而由此带来的自我价值的提升，往往是丈夫们刻意打压的对象。比起让妻子进修，他们可能宁愿妻子买包。

因为让妻子去进修意味着，妻子不仅要花钱，而且更远离他能控制的轨道了。

当然，正常、健康的夫妻关系里，是应该互相鼓励、督促前进的；妻子有进修、培训的意愿，意味着她上进和热爱生活，丈夫应该很高兴才对。

但现实告诉我们，太多的家庭里，并不是这样的逻辑。

我举个例子吧。2012 年 8 月，梁某以优异成绩考取了北京协和医院的医学博士研究生，但却遭到了丈夫景某的强烈反对。因为逼迫梁某退学不成，景某飞来北京，持刀将妻子杀害。

这是极端个案。

但是，有多少妻子想进修，想考研、考博，却最终因为家里的反对而打退堂鼓的？

他们当然不会说"我怕你比我强""我不允许你上进"，他们的理由很堂皇："读了书就没时间照顾家庭了""读了书你还要不要生小孩/照顾小孩？"很多女人，不得不被道德绑架而放弃了。

但很少听说有男人为了孩子、为了家庭而放弃学业的；相反，男人说是为了家庭、为了孩子，而决意离开家（或把妻子和孩子放在老家），飞去另一个城市读研、读博、进修。

说到底，就是一个在婚姻中的话语权的问题，一个已婚女性是否能享有个人的权益的问题。

在经济许可的前提下，男性一般能够毫不犹豫地、自主地实现自己的消费和提升的愿望；而女性，往往要经由男性的同意和许可，至于结果是许可还是不许可，不改变这个性质。

难道你没有发现这里有什么不对吗？

即便是今天女性普遍都受过良好教育，女性都在不同程度参与工作的今天，很多人，包括女人本身，也在默认"一家之主是男人"这种秩序，视之为天经地义。

不是有这句话吗：

"小事女人做决定，大事男人做决定。至于大事还是小事，男人说了算。"

比如，买菜啊，接小孩啊，送孩子上辅导班啊，安排生活的吃喝拉撒啊，小事，女人全搞定，不要来烦我。

大钱怎么花啊，我来决定；你的健身卡美容卡旅游包包，都是毫无必要的；你想去上 MBA 想去考研，更是想都别想。你的工作，由我来判断是否对我有好处，是否允许你去做。

想一想你们家的小汽车（如果只有一辆）是按照谁的偏好来选的，大体就知道了。

挺可悲的。

披挂着现代家庭的外壳，和和美美，夫贤子孝，但很多女性，对自己的事，远远没有真正的选择权和决定权。尽管，她也可以在计划被禁止后劝慰自己——包包我也不那么需要，考研或读 MBA 也不是那么重要，省下时间省下钱也不错。

但你有多少自由，心里难道真没数吗？